中公文庫

数学と人間

遠山　啓

中央公論新社

プロローグ　数学とはなにか

数学とはなにかという問題をここいらでもう一度考えなおしてみることが、必要になったのではないかと思う。なぜなら数学をどのようなものとみなすかという見方のちがいが、数学教育にも大きな影響を与えずにはいないからである。

ある人はいう。数学は若干の公理系から導き出される演繹《えんえき》的で自律的な体系であって、他の自然科学とは決定的にことなったものであると。この見方は一つの公式的な考えとして世上に流布されている。

この立場からは数学教育に対する二つの相反した態度が生まれてくる。一つは数学無用論であり、もう一つは反対に「数学のための数学」主義である。

もし数学が演繹だけを事として帰納をやらない学問だとしたら、そのような学問は生きた社会とは無関係な閑人《ひまじん》の玩具だろう。もしそういうのだったら、数学無用論は正しいと言える。戦後の生活単元論者はおおむねこの立場に立っていたようである。だからこの人たちは「数学を教えるのではない」(『中学校指導要領』)と叫んだのである。これに対して、数学が自律的な体系だという前提からまた別の結論が引き出される。

それは大体つぎのようなものである。数学は自律的であって他の学問を必要としない。だからそれを学ぶことは、思考力を錬《ね》り、物事を論理的に取り扱う力を養うために必要である。これは「数学のための数学」主義とでもいうべきもので、「芸術のための芸術」をとなえる芸術至上主義と似たようなものである。

思考力を錬る上に数学が役に立つことは確かであろう。しかし単にそれだけだったら囲碁や将棋だって結構役に立つだろうし、何も数学でなければならぬということもない。また論理的に取り扱う力を養うためだったら、「形式論理学」そのものをやったほうがよいだろう。

事実、このような傾向は新しく出た高校の教科書などにも現われてきている。論理的であるのは結構であるが、論理の形式主義を強調するあまり、図形や式そのもののもつ奥深い法則を知る意欲を殺してしまうおそれがでてきている。論理とは図形や式から切り離されて中空に浮かんだものではないはずである。

この二つの態度、すなわち数学無用論と数学至上主義はまさに正反対の形で現われてはいるが、その根底にある数学観は同じである。

私は数学が若干の公理系から導き出される自律的な体系だという見方に反対する。そのような見方に対して、数学は自然や社会を反映する客観的な知識であると主張したい。従って、それは自律的でもなければ、帰納のない演繹を事とするものでもないといいたいのである。

数学が自律的でないことの確かな証拠を与えるのは数学史である。数学史は数学が他の姉妹科学との複雑な相互影響の下に発達してきたことをわれわれに教えてくれる。その影響のしかたはあるときは受動的であり、あるときは能動的だった。ケプラーやガリレオの時代には力学があらゆる科学の先頭に立って進んだ。そのころには力学が要求する数学――すなわち微分積分学はまだつくり出されていなかった。力学が必要とする数学をつくり上げたのは、つぎの時代に属するニュートンやライプニッツだった。この時代には数学は外からの刺激を受けて発達したといえる。

しかしこれとは反対のばあいもある。たとえば土地測量の問題と関連して、ガウスが組立てた曲面論を、リーマンが引きついで、曲がった空間の理論をつくり上げたが、彼の時代には彼の理論は応用をもたない単なる仮説にすぎなかった。そのような状態はアインシュタインが相対論に応用するまで続いた。また絃の振動に関して展開された微分方程式の固有値問題はすでに前世紀につくられていたが、量子力学に応用されるようになったのは今世紀になってからである。

一つのたとえ話をしよう。ここに一人の洋服屋がいる。お客がやってきて服の仕立てをたのんだら、彼は身体の寸法をとって注文通りの服をつくるにちがいない。このときの態度は受動的であるといえよう。このときの洋服屋のありかたはどう考えても「自律的」ではない。

しかしお客がやってこないときにも彼は仕事を休みはしない。一般のお客に似合いそうな服を新しくくふうして、それを飾り窓にならべておくだろう。通りがかりの客がそれをみて買っていくにちがいないからである。このとき注文がないのに造る洋服屋の態度はたしかに能動的である。そして彼は一見「自律的」であるかのように思える。注文がないのに彼は洋服をつくったからである。

しかし彼は完全に自律的だといえるだろうか。彼は仁王様のような寸法の服をつくるだろうか。また人形のように小さな寸法の服をつくるだろうか。よほどの変わり者でない限りそんなことはしないはずである。彼は注文がなくとも、普通の人に似合うようにつくるにちがいない。彼はいかにも「自律的」であるように見えるが、その自律性の奥には「普通の人間に似合う」という目的が隠されているのである。いわば「相対的な自律性」である。

リーマンが一つの仮説として空間をつくった事実だけを切りはなして考えると、いかにも彼は自律的であったようにみえる。しかしリーマンは物理学者の注文がないのに空間論をつくりはしたが、彼は「自然を反映するように」それをつくったのである。

　数学は自然を反映するとはいっても、もちろんその反映のしかたは複雑である。反映といってもただの平面鏡のようなものとは限らない。あるばあいには凹面鏡であり、あるばあいには凸レンズや凹レンズである。

　たしかに他の自然科学が自然を直接にうつし出すのに反して、数学はより間接的にうつしだすことが多い。しかし、数学の本当の源が自然にあることは疑いの余地がない。どのように整然とした公理系がうち立てられたにしても、その公理系は自然を深く反映するようにえらばれているのである。

　この意味で数学は決して形式だけの学問ではなく、形式と内容を兼ね備えた学問なのである。従って数学は他の自然科学から鉄のカーテンを以てへだてられるべきものではない。数学を他の自然科学から切りはなす立場から、数学と理科を質的にまるで異なった教科として分離してしまう教育学説が生まれてくるが、この誤りを批判することが今日の課題の一つであろう。

　数学は決して演繹のみの学問ではなく、その重要な部分はやはり帰納である。この点では他の自然科学と異なったところはない。この点をもっと強調しておかねばならない。

目次

数学と人間

数学は変貌する——古代から現代まで——

古代の数学

時代の区分

数学は変貌する――という題でお話してみたいと思います。この題をごらんになって、いったい数学というのが変わったり変貌したりするのかという疑問を持たれる方があるかもしれません。しかし、「変貌」というのは顔つきが変わるという意味だと考えていただいたらいいと思います。本質が変わるわけではないけれども、顔つきは古代から現代までいろいろ変わった。そういうことをみなさんがある程度知っておられるほうが、数学というものを理解するうえで役に立つだろうと思われます。

数学という学問は、あらゆる学問の中でおそらくいちばん古い学問でしょう。文明の始まる紀元前何千年も昔から、数学という学問の萌芽のようなものはすでにできています。そういう意味でたいへん古い学問です。

この何千年にわたる数学の歴史を考えるために、おおまかに時代を分けたほうが都合がよい。これはべつに定説というわけではありませんが、私なりに数学の大きな発展を四つの時代に区切ってみたいと思います。そのほうが数学というものの変貌の仕方を理解するには都合がいいようです。その四つの時代というのは、古代、中世、近代、現代です。それぞれ、この四つの時代に数学がどう変わってきたかということをお話してみたいと思います。

古代の数学というのは、古代文明の生み出した数学です。文明が古代のいろいろな世界のいろいろな地方に起こった。エジプトやバビロニア——あるいはメソポタミヤともいわれていますが——、そしてインド、中国、というところに農業を中心にした古代の文明が生まれた、この時代の数学であるといってよろしい。この時代に、おおまかにいうと今の小学校程度の数学ができ上がったといっていいようです。この古代の終わりから中世の始まりの境目というのは、ギリシャ人が出て数学の新しい考えをうち出した。ここから中世が始まる。それから中世が長い間つづいて、どこで区切りができるかというと、近代の十七世紀になってデカルトが、みなさんご存じのように座標というものを考えた。ここで近代の数学が始まる。この近代はだいたいどの辺までかというと十九世紀の終わりごろ。二十世紀になって現代の数学が出てきた。だいたい、そういうふうな区切り方をしてみたいと思うのです。

　現代の数学というのは、二十世紀になって出た数学ですから、数学の歴史からいうといちばん新しい、そして発展のいちばん先端に当たるわけです。だからこれは一日や二日講義してもなかなかわからないというふうにお考えかもわかりませんが、ある意味で古代から近代までの数学よりはかえってわかりやすくなっている。かえって常識に近づいている面もある。

　二十世紀になってからの現代の数学というのは、ある意味で小学生の数学の考え方に非常に近づいているともいえる。だから最近は、現代の数学の考え方を小学校から教えようという動きが世界全体に出てきた。これは決して不可能なことではなくて、むしろ当然なことであります。つまり発展のいちばん先端のところがいちばんやさしいところと結びつく。こういうところがまた学問の発展の面白いところであります。数学者が長い間かかって考えたことが、いちばんむずかしいといわれているところが、小学生の考え方と似てきたというところもたいへん面白いことであります。

　現代の数学のいろいろな考え、たとえば集合だとか、こういったような考え方が、最近は小学校の教科書にはいってきた。これは、おそらくみなさんが小学校のときにはあんまり教わらなかったことだと思いますが、たとえばみなさんの中に小学生の子どもさんをお持ちの方は、こういうことを質問されてちょっと困るということが起こるかもしれない。そういうお父さんの悩みにもある程度答えることもできるんじゃないかと思います。

つまりひと昔前の算術を思い浮かべていただければいいと思いますが、古代の数学には、数学の中について回る定理・証明といったことはまずでてこない。非常に経験的であるということがいえます。古代の数学の本が現在わずかに残っていますが、この本の中には、一般的な法則を述べて、これを定理と称して、それを証明するというかたちはでてきていない。いろいろな問題を集めて、それの解き方が書いてあるというのが大部分であります。

古代の数学——エジプト・中国

さて古代の数学というと、だいたい今までの小学校の算数を思い浮かべていただければいい。これはエジプトの紀元前三千年か四千年に書かれたといわれている数学の本を見てもそうなっております。各章に似たような問題が集めてあって、それの解き方が説明してある。一般法則というのは、そういうかたちでは書いてない。それを読む人は、その問題をつぎつぎに解いてゆくと、何となく一般的な解き方がわかるというふうに書いてあります。

また中国の数学の本で最も古いと言われている『九章算術』、これは九章からできている本だから『九章算術』といわれております。この本はいつできたかあまりはっきりしない。いろいろな推測によると、中国の戦国時代ごろに出て、いわゆる秦の帝国ができ、秦の始皇帝が本をみんな焼いてしまったために、こういう数学の本も一緒に焼かれてしまい、秦のあとにできた漢の時代に、バラバラに散らばっているものをあとの人が編集したのではないかといわれています。ですからこれも相当古い本であります。中国の数学の本はたくさんありますけれども、最も古いものといわれている『九章算術』の書き方もやはりそうであります。同じところに似た問題がたくさん集めてある。そして解き方がわりあいくわしく書いてある。しかし定理証明というかたちでは書いてありません。この『九章算術』は、同じ時代の世界の他の数学と比べても、おそらく最も進んだ内容を持っているといわれております。

この本の八章目は「方程」という題になっています。これは現在数学の中でたくさん使われている「方程式」という術語の起源であります。『九章算術』の中の一つの章の名前から「方程」ということばが出てきた。おそらく方程式というのはみなさんが中学時代から出くわされたと思いますが、起こりは古いのであります。方程ということの意味は、程は大きさ、量であり、方は比べるという意味だそうです。すなわち量を比べる、方程式はそうなっているわけです。左辺と右辺の量を比べてイコールだとしているわけですから、まさに方程式というのはそういう意味を持っている。これは今日でいうと連立一次方程式を扱っております。その解き方がたいへん系統的に見事に書かれている。こういう非常にすぐれている本でも定理証明というかたちでは書いてない。だから私がいったように経験的である。

当時の本というものは、政府のお役人が勉強すべき本として作られたものだと思います。さっきいったエジプトの本もやはり政府の役人が読む本、今日でいうと国家公務員の試験を受けるための参考書みたいなものであるといっていいかと思います。一般の大衆が読む本ではなかった。つまり、この程度の数学というものを知らないと、政府の役人としての仕事はできなかったということだと思います。田畑の面積の計算の仕方、四角形の田畑の面積、三角形の田畑の面積、あるいは円《まる》い面積、こういったようなものの求め方が出ております。こういう古代の数学というものが、今からいうとかなり程度の高いものが出ている。たとえばメソポタミアあたりでは、今日でいう二次方程式のようなものの解き方も出ております。

どうしてこういうところまで進んだかというと、やはり当時の社会がこの程度の数学を要求したのだということがいえると思います。たとえば今いった相当大きな国家ができるというと行政をしなければならない。まず必要なのは税金を取り立てることである。それから大きな道路をつくること、それから大きな河の治水行事をおこなうこと、あるいはエジプトだとピラミッドのような大きな建築物をつくる必要がある。このために相当程度の高い数学が必要になってきた。やはり数学というものが頭の中だけで考えられたものじゃなくて、社会的必要というものの刺激を受けて発展するものだということは、特に古代のばあいははっきりしていると思います。

たとえば、そういう古代の農業を主とした国家でまず数学と一緒に発達する学問は天文学であります。これは決して道楽に星を眺めるのではなくて、農業の必要上、星を眺めた。つまり農業でいちばん大事なことは、気候、あるいは季節を知るということであります。現在では一年が三百六十五日とちょっと、ということはわかっておりますが、大昔からそういうことが知れているわけではない。これは長い間の星の観測の結果知られてきたことである。これを知らないと、いつ種子をまいて、いつ取り入れをしたらいいかわからない。時期を知る、季節を知るということが農業の国家にとってたいへん大事なことである。現在でも都会に住んでいる人間はあんまり季節というものが要らないかもしれない。だんだん季節というものから遠くなっているのですが、農家の人は季節をたいへんよく知っていないと農業ができないわけです。そういう意味で古代の農業を主とした国家では必ず天文学が発展する。天文学が発展するといろいろな計算の必要が起こってくる。そして、数学もそれに刺激されて発展してくるということは、こういう数学の発展の歴史からいうと定石であります。これが古代の数学のだいたいのあり方である。

古代ギリシャの数学とターレス

ところが、この古代の数学がまたつぎの段階に進むきっかけをつくったのがギリシャです。だいたい紀元前六世紀か五世紀ごろにギリシャの民族というものが歴史の中に登場してきた。ギリシャは、ご存じのように、古代のエジプトやメソポタミアという国とかなり違う国であった。あまり農業はできない。農業生産物というのはオリーブとかブドウといったようなものであった。そういうものを主としながら、貿易、つまり地中海を船で商売して歩くというようななかたちであった。いわゆるギリシャという国は商工業を主としていた。だから当然、そこで必要とされる数学というのはかなり趣を異にしていたということがいえると思います。

みなさんも多分、数学という授業の中でお聴きになったと思いますが、ギリシャのいちばん古い七賢人といわれているものの筆頭に出てくるのがターレス（紀元前六四〇―五四六）であります。ターレスという人は、いわゆるギリシャ哲学の開祖であるといわれている。と同時にギリシャの数学の開祖でもある。一方では、多分商人であったのではないかと思う。たいへん利口な人で、商売も非常にうまかったといわれている。そして、この当時のギリシャ人というのは、エジプトとかメソポタミヤに頻繁に旅行をしている。そこから古代の数学の成果を学んできた。そして新しい考え方で数学をみた。ギリシャ人の新しいというところは何かというと、さっきいったように古代になかった証明ということを考え出したことであります。

ターレスという人は、自分では何も書物を書いていない。昔の人は、書物を書くのはあんまり立派なことだとは考えていなかった。書物を書くのは二流の人間であった。今でもそうかもしれないが、たとえばキリストも自分では本を書いていない。お釈迦（紀元前四六六―三八六）さんもそうである。あれはお釈迦さんが説教したことを弟子が記録していたものだ。ソクラテス（紀元前四七〇―三九九）も自分では何も本は書いていない。ソクラテスがどんなことを言ったかということは、弟子のプラトン（紀元前四二七―三四七）が『対話篇』で書いている。自分では書いていない。孔子だけは自分で書いているようですが、偉い人というのはあんまり自分では本を書いていない。

ターレスもそうであります。彼がどんなことを考えていたかということは、他人が記録したことによるほかはない。ターレスが数学でどんなことをやったかということは伝説によるほかはないわけですが、ターレスのやったことの一つに三角形の合同の定理があるといわれている。それは「二角と夾辺《きょうへん》を知ると同じ三角形は合同である」。別のことばでいうと、二角と夾辺を示せば三角形は決まってしまう。この合同の定理はターレスが初めて定理のかたちで述べて証明したといわれている。

これはまたターレスの商売と大いに関係があって、父は地中海を股にかけた商売人であったということとたいへん関係があるわけです。つまり海岸の二点から沖合を通っている船の位置を決定するのに、この定理を使えばわかるわけです。たとえば、ここに海岸があって、船がこうある。こういう二点、これは陸地ですから距離がわかるし角度も測れる。つまり、これとこの角度を知れば、この三角形は決まって船の位置がわかると、こういわれています。あるいは「二等辺三角形の底角は等しい」というのもターレスが証明したと言い伝えられている。ここで初めて証明というものを数学の中に持ち込んだ。

これ以来、証明というもののない数学はなくなってきた。一般法則を述べて証明するということが数学にとっては欠くことのできない仕事になってきた。そういう意味でギリシャ以前の数学と、ギリシャ以後の数学は画然と違いが出てきた。ギリシャ人は新しい数学の時代を切りひらいた。

中世の数学

この時代を簡単にいうと、前の古代は帰納的であった。いろいろな事実をただ並べてある。あるいは別の言い方では経験的であった。帰納まではいかないわけです。一般法則をそこからだすということはしなかった。帰納の前段階までいった。ところが、ギリシャ人のほうは証明ということで、これは実は演繹である。一般法則から個々の事実を導き出すというかたちをとる。証明というのはいったい何かというと、複雑な事柄を簡単な事柄に分けて、その簡単な事柄を組合わせて複雑なことを理解するということにほかならない。そういう考え方がギリシャで初めて出てきた。

ピタゴラス

ターレスのあとに出てきた有名な人はピタゴラス（紀元前五八二—四九七）であります。おそらくピタゴラスはだれでも知っている名前だと思います。学校の教科書にもピタゴラスは出ている。ピタゴラスの肖像まで出ていますが、これは描いたものです。昔は写真なんかなかったから、たいへん髭を生やしたおじいさんに描いてありますが、ピタゴラスという人もあんまりはっきりしない。ギリシャでいろいろな政治運動もやったようですが、ここで失敗して、今のギリシャを追出されてイタリアの南部、ちょうど長靴の底のあたりの所へ行って、ここで新しい団体をつくった。この団体は宗教団体であると同時に、学問の研究団体でもあった。ピタゴラスという人は、だいたい、そういう奇妙な二重の性格を持っている。新しい宗教の教祖でもあるし、また一方では数学や科学の開祖でもあった。たいへん謎めいた人物である。このピタゴラスという人も自分では本を書いていない。だからどういうことを考えたかということは、やはり弟子たちの書いたものによるほかはない。また秘密主義であったために弟子たちもあまり本は書かなくて、弟子たちからまた聞きをしたプラトンとかアリストテレス（紀元前三八二—三二二）の本の中に残っている。

ピタゴラスという人は、やはりターレスの考え方を受継いで証明ということを考えた。この中でいちばん有名なのは例の「ピタゴラスの定理」であります。これを証明したといわれていますが、これもはっきりしない。しかもどんな方法で証明したかもわからない。学校で教わっている証明はあとのものです。たとえばピタゴラスが証明した有名な定理といわれているのは「三角形の内角の和は二直角である」。これもピタゴラスが証明したといわれている。外国の教科書には、これをピタゴラスの定理と書いている本もあります。とにかく簡単なことであるけれども、証明ということをやったということがたいへん新しいところであります。

ギリシャの社会

では、ギリシャ人は、どうしてこういう新しい証明、つまりだれでもが承認せざるをえないような簡単な事実を組合わせて、複雑な事柄を論理的に証明するといったようなことを始めたのか、これはたいへん興味のある問題だと思います。なぜかということはわからない。ギリシャ人の頭の中に起こったことだから想像するほかはありませんが、私はつぎのように考えている。

ギリシャというところは、ご存じのように農業国家ではなくて、商人とか、今でいうと中小企業の集まりみたいな国であった。そして都市をつくっていた。その都市は小さな都市をほうぼうにつくっていた。人口十万以下ぐらいの都市がほうぼうにあった。しかも、その都市はかなり独立性を持っていた。その中で市民たちは相当自由にいろんな討議をした。要するに議論が非常に盛んであった。もちろん奴隷もいたわけですから、奴隷にはそういうことをする自由はなかったけれども、自由な市民の間にはそういった討議が盛んにおこなわれた。ギリシャは農業をやったのですけれども、その農業はかなり自作農が多かったといわれています。だから他人から押さえつけられることはなかった。そういう国であるから自由な討議の習慣がたいへん盛んになってきた。これはプラトンの『対話篇』なんかをみると、プラトンの『対話篇』の主人公はすべてソクラテスですが、ソクラテスのやり方というのは、町をぶらぶら歩いて、人をつかまえては議論を吹っかける。そして自分のペースへ巻込んで自分の考え方を宣伝するといったようなことをやっていた。

要するに自由討議のたいへん盛んな国であった。こういうことから論理が発展するということは当然である。人をいかに自分の意見に同調させるかというところで弁論術も発展する。専制的な国家では、弁論術とか、あるいは修辞学、あるいは論理学は発展しない。論理というのは、対等の人間がたくさん集まって、そこで議論する習慣がなければでてこない。王様が一言いうと何でもご無理ごもっともで通るような国では論理学は発展しない。問答無用という国では論理学は発展しない。ギリシャはそうじゃなくて、議論の非常に盛んな国であった。ですから論理が発展した。

議論というのはどういうふうにしておこなわれるかというと、二人の人間が議論するときに共通の基盤がなかったら議論はできない。二人の人間が両方とも認めるような何かの事柄がなければ議論は完全にすれ違いになってしまう。二人の人間が同じ土俵の上で議論をたたかわせるためには、何か共通の出発点がなければならない。その共通の出発点を確認してから議論をしないと、いつまでも議論はすれ違いになる。こういうことから数学へ持ってくると、数学の議論の出発点になるのは公理といわれている。これはだれもがイヤでも承認せざるをえない真理であります。たとえば二点を通る直線は一本しかないといったようなことは、よほどつむじ曲りの人間でもまあ承認せざるをえない。数学の中のいくつかのごく僅かな真理をまずみんなに承認させて、これを組合わせていろんなことを証明してゆく。つまりギリシャ人の中にある、そういった自由に討議するという社会の中から、数学の中で論理によっていろんな新しい事実を発見してゆくとか証明してゆくという新しい考え方がくるといってもいいと思う。おそらくエジプトとか、こういう専制国家、王様がいて命令一下、何でも国民が従わなければならない国では、こういう考え方は発展しなかったと思います。

ユークリッドの原論

このギリシャに始まった考え方は、いまいった一般法則からだんだん特殊な事実を導き出してゆくという意味で演繹的であった。もう一つの特徴は、運動とかいうものを斥《しりぞ》ける、動的ではなくて静的であったということがいえる。このギリシャ人の数学の考え方をまとめて一つの大きな学問体系をつくったのがユークリッド（紀元前三〇〇頃）であります。

紀元前三百年ごろこれはいわゆる古代ギリシャというよりは、アレキサンダー大帝（紀元前三五六―三二六）が大きな帝国をつくって、その一つの国の首都をエジプトのアレキサンドリアに置いて、いわゆる歴史ではヘレニズムの文化というものをつくった時代であります。ユークリッドは、アレキサンドリアの図書館に勤めていた学者である。だから古代のギリシャよりも百年、あるいはもっとあとになる。つまり、この人がギリシャ人の考え方を大きくまとめたわけです。

ユークリッドがいくつかの公理を設定してこれを組合わせて幾何学の大きな学問体系をつくった。これが今日いわゆる『原論』といわれているものである。英語では Element といわれている。エレメントは元《もと》ということ。これはもとのギリシャ語では「ストイケイヤ」といわれていることばですが、ストイケイヤというのはギリシャ語ではＡＢＣ、アルファベットという意味で、つまり数学のアルファベット、ＡＢＣである。日本語では数学のイロハとでも訳したらいいのではないかと思います。この本は、いまいったギリシャ人が考えた法を徹底的に適用して幾何学の体系をつくった。これ以来、数学は、このユークリッドのやり方を踏襲することになったわけです。

ユークリッドのもう一つの特徴は、さっきいったように演繹的であると同時に静的である。だいたい今日でいうと、現在やっていませんが、昔の中学でやった初等幾何にちょうど相当する。あの中にでてくる図形というものはだいたい変化しないことを前提にしている。三角形ＡＢＣというときに、それが伸びたり縮んだりすることは予想していない。一度決めたら動かせない。静的である。だからこのときの数学は、動くものとか変化するものを研究するのには適していなかった。動かないもの、静止しているものを研究するには適している。これがだいたい長い中世の数学の特徴であったわけです。

アルキメデスとアラビア文化

ご存じのように、ヨーロッパの中世というのは、少なくとも自然科学の方向ではほとんど学問は進歩しなかった。停滞していたわけです。ただ、このユークリッドから少し遅れてアルキメデス（紀元前二八七—二一二）という人が出た。これは現在のイタリアの長靴の先にあるシシリー島にいた人でありますが、ご存じのように、アルキメデスの法則、水に浮かんでいる物の浮力の法則、あるいは梃子《てこ》、こういう法則でたいへん有名な人ですけれども、数学でもたいへん大きな仕事をやった人です。紀元前二百年ごろでありながら、すでに今日の微分積分学の入口のところまでいっている。おそらく数学の歴史の中で最もすぐれた天才であったと思われます。この人のような非常にすぐれた人が出たけれども、当時の人は、アルキメデスがあまりにも偉かったために後継者がなかった。むしろアルキメデスのやったことは、ヨーロッパでも後継がなくて、これがアラビアのほうに流れて行って、アラビアで後継者ができた。当時はヨーロッパよりもアラビアのほうがずっと文化が進んでいた。

ヨーロッパ人は、大昔からヨーロッパがいちばん文化が進んでいると自惚《うぬぼ》れていますが、決してそんなことはありません。ヨーロッパが急に文化が進んだのは近代になってからであり、ごく新しいことである。昔はアジアのほうが進んでいた。数学だってそうであります。ヨーロッパに関する限り中世は数学はほとんど発展しなかった。というよりはむしろ退化していた。アルキメデスなどの非常にすぐれた学問はアラビアに行って、アラビアからもう一度ヨーロッパに逆輸入された。アルキメデスの仕事はアラビア語に一度翻訳されて、アラビア語からまたヨーロッパのことばに翻訳されるというかたちをとった。だから中世というのは自然科学、あるいは数学にとっては住みにくい時代であった。宗教がもっぱら絶対的な権威を持っていたから科学は住み心地がよくなかった。そこで、むしろ科学はアラビアのほうに一時疎開していたわけです。

近代の初めになってから、アラビアに疎開していた科学はぼつぼつとヨーロッパへまた帰ってきた。いわゆるルネッサンスの時代から、次第に自然の研究、あるいは数学の研究が盛んになってきた。たとえば文字を使って計算をやる代数学、こういったようなものが十六世紀あたりからでてくる。だんだん近代の数学が生まれてくる準備ができたわけです。たとえば当時までは代数方程式は二次方程式までしか解けなかった。それが十六世紀ごろになって三次方程式、あるいは四次方程式の解法も発見された。それはイタリアで発見された。だんだん代数学もそこからもう一回復興してくるわけです。

近代の数学

デカルトと『方法序説』

ほんとうに近代の数学が始まる、近代的な本当の考え方が明瞭に打ち出されたのは、はじめに申しあげたようにデカルト（一五九六―一六五〇）からであるといっていいと思います。もちろんデカルト以前にも、そういった一人の人間が出し抜けにえらいことをすることはまずない。たくさんの人がいろんな準備をして、そこから新しい人がはっきりとそういうことを述べるというかたちをとるわけですけれども、デカルトで新しい数学の考え方が生まれてくる。

デカルトの数学というのは『幾何学』という名前をとっている。フランス語で La Géométrie という。これは十七世紀の始まりにでたわけです。この本はデカルトのたいへん有名な『方法序説』という本の付録として書かれたものであります。『方法序説』というのはたいへん有名な本で、ご存じでしょう。これは現在、日本でも安い文庫本の中にはいっていますからすぐ手にはいる。たいへん薄い本であります。しかし、学問の歴史の中では極めて重要なものである。いわゆる哲学の歴史の中でも近代の哲学の開祖のようなものである。

　この「方法」というのは学問の研究方法だと思うのです。当時の哲学というのは、今日の哲学と少し違っていて、あらゆる学問、自然科学も数学といったものも研究する、一般的方法を研究するという建前であった。それが哲学であった。今の哲学というのは実際の科学とはちょっとかけ離れて、普通の人間にはわからないことを考えるのが哲学かもしれないが、当時の哲学は科学とたいへん密着していたわけです。デカルトもそうである。デカルトは近代の哲学の開祖であると同時に第一流の数学者でもあった。今は哲学者というと哲学専門になって、科学者としても偉いという人はあまりいないようです。これはいいことかどうかわからないが、われわれ科学者にはデカルト時代の哲学というものはたいへんわかりやすい。

　この『方法序説』というものの中に四つの研究の方法というものを挙げている。それはどういうことかというと、第一は、簡単にいうと「今までいろんな本が書かれ、偉い人といわれている人がいろんなことをいっているが、それは全部疑ってかかれ、それはウソかもしれん、まず第一に疑え」ということが書いてある。少し読んでみますと、第一は何かというと、「私が、明証的に真理であると認めるものでなければ、いかなる事柄でもこれを真なりとして受容れないこと」、換言すれば「注意深く即断と偏見を避けること、そして何らの疑いを差しはさむ余地のないほど明瞭かつ判明に私の精神に現われるもの以外は、決して自分の判断に包含せしめないこと、これである」。つまり自分が本当だと納得のいかないことは何も信ずるな、ということが第一に書いてある。簡単にいえば、すべてをまず疑ってかかれということだと思います。

第二は何かというと、「私が検討しようとするもろもろの難問のおのおのをできるだけ、またそれらをよりよく解決するために必要なだけ多数の小部分に分割することである」。むずかしいものでも、それをうまい具合にこまかく分けていって、一つ一つを解決してゆけば難問でも解決できる。これは簡単にいうと、分析することであります。非常に混み入ったことでも、一応こまかい部分に分けて、一つ一つを各個撃破してゆけばむずかしい問題でも解ける。つまり分析であります。

第三は分析と反対に総合だといえると思いますが、「最も単純で、最も認識しやすいものから始めて、少しずつ、いわば段階を追うて複雑なものの認識に到り、また自然的には相互に前後のない事物の間に秩序を仮定しながら、私の思想を秩序立って導いて行くことである」。簡単にいえば、少さい部分に分解したものを、今度は適当な方法で秩序立ててゆく、結びつけてゆく、つまり総合してゆくことである。

第四番目は、「そして最後に全般にわたって、自分は何一つ落とさなかったと確信するほど完全な列挙と広汎な再検討をすることである」。それだけやって、今度は自分のやったことをもう一回見落としがないかと見る。この四つの法則を立てているわけです。そういわれると、いかにも当たり前のことをいっているようであります。ほんとうの真理というものは当たり前のことなんで、特別むずかしいことではない。しかし、普通の人はなかなか気がつかない。いわれてみると、なるほど気がつくけれども、やっぱりデカルトにこうはっきりいわれるまではぼんやりとしか気がついていない。普通の人がだれでも日常経験してしまうことでありながら、だれかがはっきりいうまでは意識しないような、こういうことを発見するのは、やっぱりデカルトのようなたいへんな天才でないとできない。発見したことはたいへん平凡なことだけれども、この人がいわないとだれもはっきりはいってくれない。そういうものであろうと思います。こういう考え方を数学に適用したのがデカルトの幾何学であるということになるわけです。

座標と分析・総合

デカルトは、今日いわれている座標というものを考えだして、幾何学の考え方を一変したわけです。ユークリッドの研究の仕方とはたいへん違っています。ユークリッドには座標はない。デカルトは座標を使いました。それはたいへん違います。デカルト自身が、自分は自分の新しい幾何学を打ち立てるのにユークリッドからほとんど何一つ借りてこなかったということもいっております。ただ、相似三角形の定理、つまり「相似三角形の角は等しく、辺は比例する」という法則と、ピタゴラスの定理だけはユークリッドから借用したが、ほかは何も借りてこなかったということをいっております。

たしかに解析幾何学をやると、つまり座標を使って直線なんかを考えるためには相似三角形の定理は要ります。その相似三角形の定理がないと、直線は一次方程式で表わされるということの証明ができない。だからこれはぜひとも要る。それから、ピタゴラスの定理がないと二点間の距離がどうなるということはいえない。ピタゴラスの定理を使って二点間の距離を計算できるわけです。しかし、ほかには何一つ借りてこなかった。だから解析幾何学というのはユークリッドの幾何学とだいぶ根本的といっていいくらい違うわけです。結論は違わないでしょうが、やり方がまるで違う。

さっきいった、できるだけ物事を小さい部分に分けるということも、解析幾何学では見事に実現しているわけです。たとえば平面上の点というのは、x座標・y座標に分かれている、点の位置が二つの数の組に分かれている、つまり縦と横に分けてある。平面というのは二次元ですが、これを二次元の二つの直線に分ける。さっきいった、できるだけこまかい部分に分けるという方法が見事にここで使われている。デカルトの幾何学は解析幾何学といわれますが、解析というのは英語では analysis といいます。これは普通のことばでいうと「分析」ということであります。分析幾何学といったほうがいいくらいです。解析幾何学は点の位置から出発します。図形の中で最も簡単なのは点ですから、その点の位置を決めることから出発する。これ以上簡単なものはないというところから出発する。こういうふうに、つまり点の位置を縦と横に分ける。縦と横は数で表わされる。xとyというのは数で表わされる。だから点の位置というものが二つの数の組で表わされるから、幾何学が数の世界と結びつくわけです。数の計算によって図形の性質を研究することが可能になっている。ユークリッドでは計算という手段はあんまり使わない。幾何は幾何としてやるほかはないんですが、デカルトになると、図形の研究が計算というたいへん強力な手段によって研究できるようになった。

デカルトは別のところで、自分のやったことは幾何を代数でやることができるようにした。幾何というのは目で見えて見通しはたいへんいいんですが、あんまりこまかいことはできない。代数はあんまり見通しはよくないけれども、計算というたいへん精密な手段が使える。つまり両方の長所と欠点を補うようにしたというようなことをいっていますが、つまり、そうすることによって代数と幾何が同じようなものになってしまった。二つのバラバラに離れていた学問の分野を結びつけてしまった。これがデカルトのやったたいへん大きな功績である。これが近代の数学の始まりとなったのです。

変化と運動

もう一つ大事なことは、みなさんもご存じと思いますが、解析幾何というのは座標を使うと、運動するもの、変化するものを実に見事にとらえることができる。たとえば、いろいろなものが変化するということは、グラフによっていちばんよくつかまえることができる。ユークリッドの幾何ではそういうことはなかなかできない。解析幾何というデカルトの幾何学がでる以前は、運動と変化というものをしっかりと科学的につかまえることがなかなかできなかった。だから物理学でも、あるいは力学でも静止しているものはある程度できたが、運動するものはちょっと手がつかなかった。力学でも静力学まではいったけれども、動力学、動いているものの法則をつかまえるところまではゆかなかった。デカルトの幾何学によってそういうことが一挙に可能になった。これが近代数学。つまり近代数学は、中世の数学が静的であったのに対して動的になったということがいえると思うのです。これは大きな違いである。これは人間の数学の歴史とは限らず、もっと広くいって科学の歴史の中で画期的なことであったわけです。それがまずどういう事柄とつながっているかというと、いわゆるニュートン力学といわれているものをつくりだす大きな支えになったのです。

天動説から地動説へ

人間の世界を認識してゆく歴史の中でたいへん大きな事件というのは地動説だと思います。人間が地球のごく狭いところで考えていた間は、地球というものは動かない、太陽が動いていると思った。これが天動説であります。これは人間の素朴な感覚からいうと当然であります。だれも、地面が動いているということは、感覚的にはとらえられない。見た感じでは、太陽が動いているとしか思えない。それをひっくり返して、われわれが不動の大地、動かざること山のごとしという形容詞があるくらいに山は動かないと思っていたものが、いずくんぞ知らん、たいへんな速度で動いているんだ、山も川もみんな動いているんだという。これはたいへんショッキングなことだと思うんですが、こういう地動説が人間の認識の歴史の中にはいってきたということは、たいへん大きな事件だったと思うのです。

　われわれは子どものときから、こういうことは教わっているからあまり驚かないけれども、中世の人にとってはたいへんショックであったと思われます。だからこの地動説を唱えたコペルニクス（一四七三―一五四三）は、こういうことをいうととんでもない目に遭うということを恐れて、自分の地動説を書いた本は、自分が死んでから出版するように遺言した。死んでからだと死刑にもならないから。ところが、コペルニクスのあとになって、これを堂々と唱えたジョルダーノ・ブルーノ（一五四八―一六〇〇）という人は焼き殺された。けしからんことをいうやつだというわけです。

　これは単なる天文学上の学説ではなくて、当時の中世の人たち全体の世界観を転覆することであったわけです。このくらい常識に反しているショッキングなことはない。こういうことになると当然、バイブルの権威をそこなうことになる。

ガリレオと地動説

ブルーノのあと数十年たってから、ガリレオ（一五六四―一六四二）が緻密な論理で地動説を展開した。これは現在『天文対話』（一六三二）といわれている。やはり文庫の中にはいっていまして、現在読んでもたいへん面白い本であります。ガリレオという人は物理学者でありましたけれども、たいへん文学的才能のある人であった。この『天文対話』というものを今読んでもたいへん面白い。彼は天動説を唱えている人を完膚なきまでにやっつけた。あんまりひどくやっつけたということが、当時の人たちを怒らしたと思うのです。ご存じのようにガリレオは裁判にかけられた。ある程度、その裁判では自分は間違ったといわざるをえなかった。これもご存じのことですが、ガリレオは死刑にはならなかったけれども、一生涯世の中に出られない。昔でいうと閉門禁足の処置みたいにされた。自由に歩き回れない。ある所から自由に出られないというふうにされた。しかし、ガリレオは、そういう閉門の時代を利用して、今度は『新科学対話』（一六三六）というものを書いた。これは、今日のニュートン力学の原則をはっきりと、たいへん見事に書いた本であります。これも文庫で出ていますから簡単に読めます。つまり、地動説というものが中世の人に与えたショックが、いかに大きかったかということを表わしています。

このコペルニクスからブルーノ、ガリレオと、たくさんの人がたいへんな犠牲を払ってつくりあげた地動説を完成したのがニュートン（一六四三―一七二七）であります。これはもちろん、ガリレオと、もう一人、ドイツの天文学者、あるいは数学者であったケプラー（一五七一―一六三〇）、この二人の人の仕事を見事に統一して、いわゆるニュートン力学というものをつくったのであります。

大まかにいうと、ガリレオが『新科学対話』のなかで展開したのは地球上の物体の運動法則であった。これに対してケプラーは天体の運動法則であった。この二つを同一の原理によって統一したのがニュートンでした。

ガリレオが手製の望遠鏡ではじめて月をのぞいてみたとき、大へん驚いた。アリストテレスは地上の物質は雑多で汚《きた》ならしいが、月から上にある天体はまるでちがった上等の物質からできていると主張していたし、この主張は誰も疑う人がなかった。ところが望遠鏡でみると月もやはり山あり谷ありで、地球と同じ状態らしいとガリレオは知った。そこで、ガリレオは月も同じ、あるいは宇宙全体が同じような物質でできているらしいと覚《さと》ったわけです。これは、人間の世界認識の歴史において、まさに画期的なできごとでした。これはアポロの月面着陸などよりはるかに大きな意義をもっていたといえます。

だがさすがのガリレオも、地上の物体と天体とが同じ法則に支配されているというところまでは到達できませんでした。

それをなしとげたのはニュートンでした。そしてニュートンの武器となったのは微分積分という新しい数学だったのです。

ニュートンは、もちろんニュートン力学などとはいわなかったでしょうが、ここで地動説というものがほとんど反論の余地のないほど完全に証明された。ニュートンの太陽系の運動の法則を証明するのに使ったのが微分積分学であります。微分積分学というのは、ニュートンの力学を証明する手段として生まれてきたといっても過言ではないくらい物理学や力学と密接な関係を持っているのです。

微分と積分

微分積分というのは何か。簡単にいいますと、さっきいったデカルトの四つの法則の中の、ちょうど二番目と三番目に当たると思います。つまり二番目は、複雑なものを研究するときには、できるだけこまかい部分に分けると物事は簡単になるんだ。これは分析であります。もう一回読んでみると、「私が検討しようとするもろもろの難問のおのおのをできるだけ、またそれらをよりよく解決するために必要なだけ多数の小部分に分割することである」。これが微分に当たるわけです。微分ということばそのものが、字の通りこまかく分けるということであります。

つぎの第三の法則というのが、ちょうど積分に当たる。いったんこまかく分けたものをもう一回つなぎ合わせることである。微分はちょうど分析に当たって、積分は総合に当たるわけです。積分ということばも分けたものを積み重ねるという意味ですから、たいへんうまいことばだと思います。

昔は微分積分というのはたいへんむずかしい学問だというふうに考えられていたらしいのですが、ある意味ではこんなに簡単なことはないように思うんです。微分積分というとわからなくなるというような通説がありますが、考え方そのものはごく自然でやさしい考え方と思う。字の通りである。昔は微分積分のわかる人はあんまりいなかったということをいいますが、そんなことは決してない。ただ、微分のほうは無限にこまかく分けてゆく、そこのところがちょっと違う。そこのところはややむずかしいといえばむずかしいわけです。現在は、そういうことはいわないでしょうが、昔は、微分というのは字の通り、かすかにわかる、積分はわかった積りになるというような冗談が言われていましたけれども、決してそういうことはないのです。

たとえば、みなさんも微分を高等学校でやっていますからご存じと思いますが、こういう曲った曲線があるとします（図1）。そのときに、このまま見れば曲っているけれども、こまかく分けて一部分だけ見るとたいへん真直ぐに近くなる。こまかく分ければ分けるほど直線に近くなる。曲線はたいへん複雑でむずかしいけれども、直線だったらたいへん簡単である。こまかく分ければ分けるほど、簡単な直線に近づくというアイデアが微分のもとである。ただ、だんだん近づくとかなんとかいうことをやかましくいうと、いろんな厄介なことが起こりますが、考えとしては極めて簡単なことである。曲線を仮りに一部分だけ虫めがねで見ると真直ぐに近くなる。こんど顕微鏡のような倍率の高いもので見るとさらに真直ぐに近くなる。電子顕微鏡みたいなもので見るとなお直線に近くなる。要するに、たいへん倍率の高い顕微鏡で曲がったものを見ると真直ぐに近くなる。この考え方にほかならない。直線だったらたいへん取扱いは簡単であるということです。

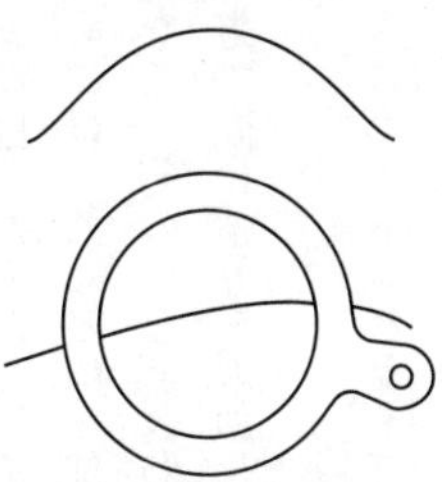

図　1

ただ、顕微鏡は倍率を高くしていくと一部分はたいへん精密に見えるけれども、こんどは逆に視野が狭くなるという欠陥がでてくる。ごく一部分しか見えない。見える範囲がだんだん狭くなってくる。そういう欠陥が一方ではでてくる。これを補うためには、こんどは一部分ごとに見たものをつなぎ合わせてみないと、全体が見えなくなる。そのつなぎ合わせることが積分なんだと考えればいいわけです。そういう考え方で微分積分を勉強してごらんになれば、考え方は極めて簡単である。

ニュートンとライプニッツの論争

現に微分積分を発見したのは、歴史的にいうとニュートンとライプニッツ（一六四六―一七一六）だといわれています。二人とも十七世紀の中ごろに生まれて、十八世紀の初めごろに亡くなった人です。この時代に微分積分学はつくられたわけですが、有名な話ですけれども、この二人が、微分積分学をどっちが先に発見したかということで、大喧嘩をしたわけです。泥仕合みたいな、たいへんみっともない喧嘩をした。これは数学の歴史の中でたいへん有名な事件でありますが、ただ、時間的にはニュートンのほうが先に発見したことは疑う余地がありません。

ライプニッツはニュートンよりも年が若くて、数学を勉強したのもだいぶ遅れていた。おそらく十何年かあとにライプニッツも発見したわけですが、ニュートンの側では、ライプニッツはニュートンのやったことを盗んだんだ、剽窃《ひょうせつ》だ、とケチをつけた。

ライプニッツが腹を立てて反論をした。ところが、そういう争いが起こったのはだいぶあとになってからであります。最初のうちは、この二人はたいへん仲がよくて、手紙のやり取りもしていた。ニュートンは最初のうちは、おれときみだけが微積分を発見したということを、手紙やいろんなものに書いている。だのにあとになって、ライプニッツが盗んだということをいうのはおかしいわけです。

なぜこんなことになったかというと、私の解釈だと、二人は微分積分学を発見したなんていうことを大したことと思っていなかったにちがいない。あたり前のことだと思ったにちがいない。だからおれが発見したとか、お前が発見したなんていうことを別にやかましくいう必要はないじゃないか、大したことではないのだと考え、ニュートンなどはあとでたいへん不利なような証拠をたくさん残しているわけです。「ライプニッツも発見した」という証拠を残してある。もし初めから微分積分の発見者はおれだというつもりだったら、そんなことはしなかったはずです。それに、もっと早く公表していたと思う。ニュートンというのは発見しながら、長い間発表しなかったから、そういう争いが起こった。発表しておけば問題がなかった。少なくともニュートンは大した発見ではないと思っていたにちがいない。それくらい微分積分は平凡なことであり簡単なことです。

ところが、あとになって、だんだんこの学問が発展してくると、これはたいへんな理論だということがニュートンもライプニッツも気がついたのではないか。そこで惜しくなって、おれが発見したんだといいたくなったんではないかと思われる。だから話がこじれてきた。

微分・積分の効用

微分積分ぐらいある意味では簡単な考え方はないのです。しかも、このくらい威力のある考え方もない。おそらく数学の中でこのくらい役に立つ考え方はないのではないか。微分積分学がなかったとしたら、現在の数学というのは三分の一ぐらいしか発達してなかったのではないかと思われる。このくらい簡単であって、このくらい強力な考え方はない。

これは微分積分をちょっとでも勉強された方はなるほどと思われると思いますが、微分積分学がなかったら、現在のいろいろな天文学でも物理学でもほとんど不完全であったのではないか。これを使わないと自然の研究等ではほとんど何もできないくらいだろうと思われます。しかも、もとの考え方は簡単である。というのは、いまいったデカルトの四つの法則のうちの、第二と第三を見事に適用したにすぎないと、こういうふうに考えることもできるのです。

簡単にいうと、微分積分というのは、われわれのいろんな現象を見るたいへん精巧なカメラのようなものだと考えていいと思います。いまいった、曲がっているものでも、微分というめがねでのぞくと直線に近くなる。直線になれば研究することが極めて簡単である。微分というめがねを、顕微鏡を使ってたいへんこまかいところを見る。そして、もう一回積分でつなぎ合わせておいて曲がったものを理解してゆく。分けてつなぎ合わせる、これだけのことでこんなにいろんなことがわかる。さらに、これがなかったら、さっきいった太陽系の運動、太陽のまわりをいろんな遊星が回っている、それがどんな回り方をするかという研究はできなかった。これがなかったら、太陽系の運動の法則を見つけだすことには歯が立たなかったと思います。

ニュートンは、当時のいちばん大きな問題であるところの太陽系の運動というものを解決するために、その手段として微分積分学を考えだした。さっき、ニュートンは、ガリレオのやったことと、ケプラーのやったことをたいへん見事に結びつけて、ニュートン力学をつくった、とこういうふうにいいましたが、ではどういうふうにしたかというと、遊星の運動というものは具体的にどういう動き方をしているかについては、ケプラーがすでにニュートンの生まれる前にケプラーの三法則というものをうち立てていたわけです。

ケプラーの三法則

ケプラーは、自分は観測しなかったけれども、自分の先生が観測の名人であったところの天文学者ですが、この人のぼう大な観測データから三つの法則を引き出した。ケプラーは、当時は望遠鏡なんかなくて、肉眼で空を見ていたようです。肉眼でもないけれども、めがねを使ったようだが、望遠鏡ではなかった。特にケプラーは眼が悪かったそうだからあんまり星はのぞかなかった。要するに前の人のデータから三法則というものを導いた。

まず、遊星といってもたくさんあるのですが、火星の運動法則というものからはじめた。火星は地球の一つ外の遊星ですが、第一法則というのは何かというと、火星は太陽のまわりを楕円の軌道を描いて回るというのが第一法則です。楕円には焦点が二つありますが、その一つの焦点に太陽が位置する。太陽を焦点とする楕円を描いて回る。これが第一法則。

しかし、これだけでは、軌道はわかったけれども、その軌道の各点はどんな速度でもってるかわからない。そこで第二法則が出てくる。

仮に図2のように回るとすれば太陽と火星を結ぶ線が、ちょうど自動車のワイパーみたいに雨の水を掃いてゆくわけです。この掃いた面積は一定時間には同じ面積を掃く。これが面積速度一定の法則といわれている。太陽から遠くなると面積は一定ですから、二つを比べるとこれとこれとが面積が同じになるためにはこの長さは遠いほうが短くないと面積は一定にならない。だから遠いところはスピードが落ちる。近いところは速い。こういう法則を見つけだした。これはたいへんな苦労をしたのです。

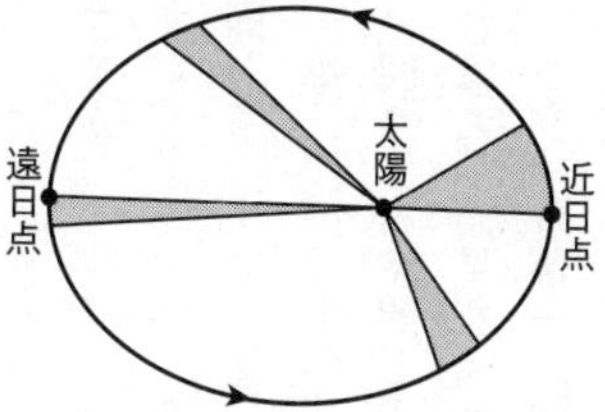

ケプラーの面積速度一定の法則

図　2

いわれてみると二、三行で書ける法則ですけれども、それを発見するためにはたいへん苦労をした。楕円になっているということははじめからわかりはしない。ケプラー以前はみんな円いと思っていた。ところが、よく見たら、どうも少しへしゃげているということに気がついた。円に近くてへしゃげているのは何かというと楕円であろうということで、ヤマをかけてやってみたらうまく合った。ヤマをかけるということは科学の研究では常にやっていることです。ヤマはたいていはずれるけれども、たまには当たることがある。当たったのだけ他人に発表するから、はじめからうまくいったようですけれども、科学の研究は、何十、何百というヤマをかけて、その一つが当たる。ケプラーは、そういう苦労を重ねて、長い間かかってたくさんのデータから、そういう法則を発見した。これが第二法則。最初は第一法則と第二法則を発見した。

第三法則は十年ぐらい遅れてから発見した。これはだいたい、軌道の大きさと、ひと回りする時間との関係です。これはちょっと厄介ですから省略しますけれども、これは人工衛星なんかにも当てはまります。

こういう第一法則と第二法則があれば、少なくとも一つの遊星に対する運動はちゃんと決まってしまうわけです。これを瞬時の運動法則に翻訳してみる。いわゆる微分をしてみる。ケプラーの法則は、ひと回りしているのを見ないと法則がわからないわけです。長い間火星を見ていないとわからない。ひと回りしないとわからないのですが、そうではなくて、非常に短い時間、瞬間的にどんな運動をするかというのを表わしてみる。これは微分を使えばわかる。それがそのままニュートンの万有引力の法則と同じになる。つまり太陽と火星はお互いに引力で引き合っている。その力の強さは距離の自乗に反比例するという法則です。ちょうど、そういうふうになっている。

ニュートンの万有引力の法則は、ケプラーの法則と本質的には同じなのです。ただ、表わし方が違う。ケプラーの法則は、一定の時間、火星が回る時間全体を見ていないとわからない。ニュートンの法則は瞬間の法則である。そこがたいへん違う。

微分法則・積分法則とニュートン力学

ニュートンの法則を微分法則と呼びます。無限に小さい時間において現われるような法則である。無限に小さい時間を観測していてもでてくるような法則である。空間的には無限に小さい範囲の空間を見ていればわかる。ニュートンの法則というのは力ですから、力と加速度は比例するわけです。加速度というのは、無限に小さな時間と無限に小さな距離の間を見ていれば、ちゃんと計算ができるわけです。そういうケプラーの法則を積分法則といい、ニュートンの法則を微分法則という。ニュートンはケプラーの積分法則を微分法則に書き替えたわけです。そうしておいて、もう一回それを積分法則に直したら、元のケプラーの法則と完全に一致したわけです。

つまり積分法則というものをデカルトの第二の法則でこまかく分けた。こまかく分けたらニュートンの万有引力の法則になった。それをつなぎ合わせたら元のケプラーの法則になった。簡単にいえば、そういうことです。

積分法則と微分法則は本質的には同じわけです。一方から一方へ移るわけですが、ただ、表わし方が違うだけであるけれども、どちらが扱いいいかというと微分法則のほうがずっと扱いいい。法則が極めて簡単である。そういうことで、ケプラーの三法則というのは、火星だけは第一法則と第二法則でできますが、これが他の遊星、たとえば土星とか木星全部に当てはまるということをいうには、こんどは第三法則が必要になってくる。いろんな大きさの違う遊星にも全部当てはまるということをいうためには第三法則が必要になる。

ケプラーという人は、このくらい科学者の中で苦労した人はいないと思われます。当時、ドイツという国は、戦国時代みたいにたいへん乱れた国であった。最近『魔女狩り』という本が岩波新書ででてよく読まれているそうですが、ケプラーのお母さんも魔女裁判にひっかかってひどい目に遭った。それを助けるためにケプラーは非常に苦労した。このくらい貧乏して苦労した人はないくらいですが、この人が一生かかってつくり上げたのが三つの法則なわけです。その法則は一頁ぐらいの中に書かれてしまうが、科学の歴史の中では第一級に重要な発見であったわけです。

このようにしてニュートンが太陽系の太陽と遊星の間の運動法則を、文句のいえないくらい完全な法則として打ち立てたわけです。このニュートンの法則があると、科学が今までの過去のことを説明するだけではなくて、未来も予言できるようになった。

つまり、このつぎの日蝕は何年後の何月何日の何時何分に始まって、何秒間、何分間つづくといったことまでわかるようになった。おそらく科学が未来を予言する能力を持っていることが、このくらい鮮やかに証明できたことはないのではないか。これがやはりニュートン力学の持ったたいへん大きな威力であります。だからニュートンの力学が出る前と後とでは科学そのものがたいへん変わってきた。おそらくニュートンの時代の人はびっくりしたにちがいない。こんなに未来が予言できると何でもかんでもできるのではないかという、少し行き過ぎた考えが当然でてくる。実は太陽系の運動というのはある意味では法則としては極めて簡単で単純であります。だから予言できた。

しかし、一般の現象はそんなに単純ではない。だからそんなに鮮やかに予言できるとは限らないわけです。しかし、このニュートン力学で使われた数学は微分積分、特に微分方程式といわれているもの、微分方程式という道具を使ってこういうことができたわけです。だから世の中のことをみんな微分方程式でやると未来のことはみんなわかるんじゃあるまいかというような、少し行き過ぎた、数学万能みたいな考え方が当然でてくる。そのくらいニュートン力学というものは当時の人びとにとって衝撃だったと思われる。

天体の運動は簡単だからこういうことができた。ほかはそうはいかない。しかし、天体の運動くらい簡単なものについては微分積分学はたいへん威力があることはわかった。

デカルトに始まった近代の数学というのは、これをニュートン、ライプニッツが発展させて微分積分学をつくったわけですが、これがだいたい近代の数学というものの中心でした。これはさっきいったように、いろいろな現象を見る精巧なカメラみたいな役割をしている。めがねというものではないけれども、微分積分という目に見えないめがねを掛けて世界を見るとたいへん精密によく見える。ばあいによっては未来を予言することさえできるといったようなことで、近代以前の中世までの数学と比べると、数学の威力が格段に大きくなった。そういうことがいえると思います。

ニュートン力学と相対性理論

もちろん、ニュートン力学というのが万能ではない。それはニュートンの当時からそういう批判があったのです。たとえば太陽と地球が……地球ばかりではなくて、いろんな遊星が引き合っている。引き合っているといっても、太陽から出ている引力のような力が瞬間的に遊星まで届くということはおかしいではないか、途中何もないところを瞬間的に届くということはおかしいじゃないか、という批判があった。これはニュートンの競争相手であったライプニッツが、すでにこういう批判をしております。これを遠隔作用という。途中何もないところを力が瞬間に伝わるということをニュートンは仮定しているわけですが、これはどう考えてもおかしい。途中に何かなければ力は伝わるはずはないではないか。たとえば真空の中では音が伝わらないと同じように、力が伝わるのに途中何かなければおかしいではないか、という批判はニュートンの時代からあったのです。しかも、それが瞬時に伝わる。音が伝わるんだってちゃんと時間がかかる。光だって瞬時には伝わらない。速いけれども、やはり有限の速度で伝わる。ところが、ニュートンのばあいには無限大の速度で伝わる。これはなんとも奇妙ではないか、という批判はあった。これは太陽と地球ぐらいの距離、あるいは地球と月ぐらいの距離……、ぐらいといっては悪いけれども、宇宙全体からいうとたいへん近い。

現在でも、地球から月まで二、三日かかっています。相当遠いわけですけれども、まあこの辺ならよかろうが、われわれの地球と、銀河つまり天の川のような遠いところまで引力が瞬時に伝わるということはどう考えても不思議なわけです。こういうようなニュートン力学の持っている欠点を補うためにでてきたのがアインシュタイン

（一八七九—一九五五）の相対性理論であります。

これによると、重力というのも決して瞬時には伝わらないで、光の速度と同じ速度で有限の速さで伝わるという結論が出てきます。これだとたいへん自然です。去年だったか新聞にでましたが、引力、つまり重力が波の形になって伝わるというようなことが実験的に証明されたという記事が載っておりました。これが本当かどうか、確定しているかどうか、私も知りませんが、いかにもそのほうが本当らしい。無限大の速さで伝わるというのはどう考えてもおかしい。これがニュートン力学の持っている欠点であったわけですが、しかし、太陽と地球、あるいは地球と月ぐらいの距離だったら、光の速度で伝わるぐらいだったら、瞬間と考えてもいいわけです。地球と月はたしか三十万キロというから、光だと一秒間に伝わる。光というのは電波と同じものですから、あんまり間があくと人工衛星と電話で話したりなんかできないわけです。こっちから話したのが相当たってから向うに伝わる。十秒ぐらいたつとすれば、十秒後にしか聞こえないわけですが、あれを見ていると瞬間に伝わっているようですね。相当に速い。ですから、そういった欠点というものがあとでは修正されたのですが、ニュートンの時代にはほとんど絶対の真理と思われていた。そういう理論をつくりあげる道具になったのが、さっきいった微分学なのです。

その他、微分積分学というのは、いろいろな地上の運動、こういったものにも全部使われる。それから最近の、もちろん人工衛星を打ち上げるというときに、どんな軌道を描くかということを計算するのも全部ニュートン力学によって計算されている。あんまり大きな距離ではないから瞬間に伝わるとしてもほぼ間違いない。ある意味では、ニュートンの重力の法則を使って何かをつくったというのは人工衛星が初めてではないかと思われる。ニュートンが使ったのは人間がつくったものではなくて、大昔からある太陽とか遊星の運動を調べるのに使った。人工衛星は、今までなかったのを、この法則を利用して打ち上げているわけですから、これを利用して新しいものをつくったというのは初めてかもしれない。ただ、ニュートン力学というのは絶対的な真理とは今日ではいえないけれども、ほぼそういうものに近いくらい精密なものである。人工衛星を飛ばすのに相対性理論を使う必要はないのです。ニュートン力学で十分間に合う。

関数とは何か

ここで、近代の数学が生み出したもっとも重要な概念についてのべておきます。それは関数という考えです。

関数というコトバは日本では数学だけしか使わないコトバですが、ヨーロッパではfunction という日用語です。function を字引で引いてみますと、まっ先に「機能」という訳語がでてきます。これは日本では日用語です。

「胃は消化の機能をもっている」といえば誰にも通用します。ところがそれをわざわざ「関数」などという特別なコトバを作ったので、よけいに難解な感じを与えているようです。

機能というものは簡単にいうと働きです。ライプニッツが初めてファンクションという言葉を使った。ライプニッツはドイツ人ですけれども、ドイツ語は当時はいなかの言葉みたいで、フランスが文化の中心であったから、フランス語で書いてありますので、フォンクション（fonction）です。もとは日本では函数、あとになって関数と改めたのです。

なぜこんな妙な函の数という言葉を使ったか、これは中国からきた字です。中国人は各国語を音まで似せて訳することがうまい。ファンクションは中国語で函数に非常に似てるのだそうです。中国読みしますと。だから意味も非常に似ている。これは「含む」という意味だそうです。函の中だから何か含んでいる。函という字でもないという説もありますが、要するに中国人にわかるかもしらぬが、日本人にはわからないものを使ったということが、函数をわからなくした原因の一つです。これでは何のことやらわからぬ。

　ところがこれが当用漢字の関係でなくなったので、音を同じにするために関数に変えたのです。最近では「関」の字を使っている。要するに機能です。そうやるとたいへんよくわかる。機能というのは働きで、これは一番よくわかる簡単なものだ。これを頭の中にあるというよりは現実にあるもので説明するとたいへんわかりやすい。

　それはたとえば一番簡単なのは駅にある切符の自動販売機です。これを概念的に図を書いてみると、左の図（図3参照）のようになる。お金が入ってきて切符が出てくる。たとえばいま簡単なものは国鉄は三〇円が一番安い。三〇円入れると三〇円の切

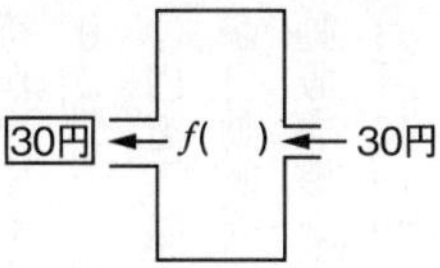

図　3

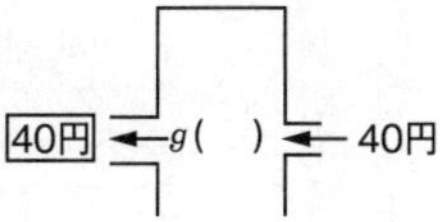

図　4

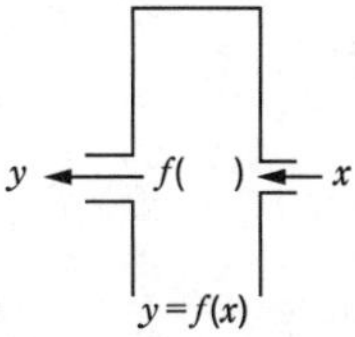

図　5

符が出てくる。こういう簡単な自動販売機があります。これでもう、一つの関数になります。この装置をファンクションの頭文字をとってfとします。fという装置は三〇円を三〇円の切符にかえる働きを持っている。その働きを物体化したものだ、それが自動販売機だ。これを思い浮かべられると一番わかりいい。だから駅に行かれて自動販売機をみたらああ関数があるとお考えになればいい。そうすると、関数には日常お目にかかっていることになります。切符をお買いになるとき、ああこれは関数だな、そして四〇円券を売るやつはまた別の関数、別の機能を持っているのです。これはfと書くと混同するからgとでも書く（図4参照）。あるいは五〇円の券のでるのはまた別のものでhで表わせばよい。だからいろいろな種類の関数が駅には並んでいるのだとお考えになっていいと思う。

　このときに、これはよくエンジニアが使う言葉ですが、入ってくるものを入力という。英語ではinput（インプット）、中へ入れる。出てくるものを出力output（アウトプット）。この装置はある意味では、一定の機能をばか正直に果たすところのロボットだというふうにお考えになっていい。それをfであらわすと、$y=f(x)$と書いておけばいい。これが自動販売機みたいな装置である（図5参照）ここへxが入ってきて、こういう管を通してyがでてくる。私はそういうふうに説明します。xは入力、

yは出力。いま自動販売機はたくさんありますから、子どもに説明するのはたいへん都合がいい。昔はこういうものはなかった。駅で切符を買うときは出札掛がやっている。一つの装置とは考えにくかったのです。今のは一定のロボットです。非常にばか正直である。ばか正直であることが非常に大事です。たとえば気をきかしたりは決してしないのです。あの人は汽車に間に合わないのに一〇円銅貨を持っていない。一〇〇円札しか持っていないから、少しまけてあげようとかなんとかはしない。昔だったら田舎の駅ではそういうことをやってくれたわけですけれども、そういうことはしない。しかし三〇円入れればどんな人でも切符は出してくれる。必ずばか正直に入力から出力を出してくれる装置だとお考えになると、それをfであらわす。つまりいままでは関数がわからないのはfがわからなかったわけです。fとは何なのか、これを装置のようなものだと考えるとたいへんわかりやすくなる。実際にこういう教え方をしますと、小学生でも中学生でもよくわかります。

ブラック・ボックス

こういうものが数学の中の非常に大事な概念になってくる。これがいろいろなところにたくさん使われます。この装置はもちろん物体でできているものばかりではなく

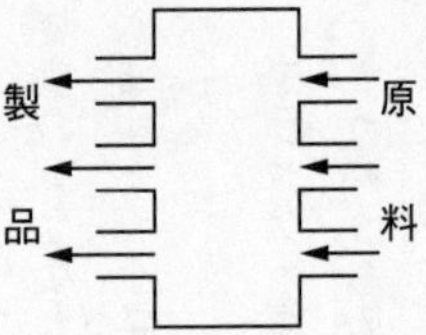

図 6

て、もっと抽象的なたとえば一つの会社もやはり一種の関数だと考えることはできるでしょう。生産会社だって中はよくわからないが、とにかく外から見ていると、銀行から資金が入ってくるでしょう。それからいろいろな原料がたくさん入ってくる。つまり入力の口がいっぱいある。また出力の口からいろいろなものが出てきます（図6参照）。こういう非常に複雑な装置だと考えてよろしい。実際にそういうふうに考えていろいろなことをやります。だからといってこんな箱があるわけじゃない。しかしいろいろな人間がこの中にいたりして、一定の結果を出せるのです。こういうものをエンジニアはブラック・ボックスと呼んでいる。「黒い箱」です。これは箱ですが、なぜブラックというかというと、中のからくりはほかの人は知らないでもいい。知れてもいいですけれど、結果だけ知っていてくれればいい。自動販売機はまさにブラック・ボックスです。それはお金がどういうふうに入って切符が出てくるか——駅の人は知っていないと故障が起こったときに困りますが、お客さんはわからないでもいい。わかっていてもいいけれども、わからないでもいいという意味でブラック・ボックスという。ブラック・ボックスをfであらわしたわけです。

自動販売機の中でもずいぶん複雑なものが最近はあります。おつりの出るのがある。あれは一〇〇円入れて五〇円の切符を買えるというのは、一〇〇円入れる口とそれから五〇円のボタンを押す。これも一つの入力、力を入れるわけです。出てくるのは切符とおつりが一緒に出てくる。切符とおつりが別の口から出てくると、これは出る口も二つあるというふうに考えてもよろしいでしょう。だから入力の口が二つあって、出力が二つあるというふうに考えてもいい。おそらく中では、二つだったのが、一緒に合わさるようになっているのだろうと思うのです。しかしさっきいったように、非常に抽象的な生産会社みたいのもそうです。

おそらく銀行もブラック・ボックスだと思うのです。預金が入ってきたり、日銀からいろいろなものが入ってきたりするでしょう。それからお客さんに貸して利子が出たり入ったりする。口がいっぱいあるブラック・ボックスだと考えられます。ブラックだというのは、よその人にはちょっと中のからくりがわからないからで、中の人はわかる。そういうふうに考えて、数学のレールの上に乗っけていろいろなことを考えるのです。そうすると、非常に抽象的な人間のつくっている組織といったようなものもブラック・ボックスと考えていい。ただし、入口も出口もたくさんある。

そういうふうに考えますと、関数というのはわりあい簡単なわけです。関数というのは働きだから、まず働きを単なる働きとしてつかまえるのはたいへんむずかしい。働きというものはふつう目には見えません。言葉でいうと「もの」は大体名詞であらわされ、動詞が「働き」をあらわしているわけです。動詞はやはり名詞よりも理解がむずかしい。これが紙だというふうに見せるわけにいかない。たとえばこれが「走る」という動詞だとはいえない。走ってみせたり何かたくさんいろいろなことをしないと、走るという動詞はわからない。そういう働きというのは目に見えにくいということで、関数がわかりにくかった。いままで関数が非常にわかりにくかった原因はそこにある。その目に見えないものを目に見えるように工夫して教えることをあまりしなかった。たとえばいまの自動販売機のような例から説明するとたいへんわかりやすい。

ぼくはそういう一つの例として、透明人間というものを考えるといいと思うのです。『透明人間』というH・G・ウェルズの小説がありまして、映画にもなったかと思いますが、人間がいて何か薬を飲むと、からだが透明になって姿が見えなくなる。その透明人間が部屋へ入ってくると、ドアが何とはなしにあいて、そして人も見えない。何か受話器だけが持ち上がったようなことをする、そういうのがあったと思います。働きは見えるけれども、その働きを誰が引き起こしているかという本体は見えない。

そういうドアがあいて受話器が持ち上がるということは誰が見てもわかる。ところが関数という見方をすることは、実はあれは見えないけれども、透明人間が部屋へ入ってきて受話器を持ち上げたのだというふうな理解をすることです。そうすればよくわかるのです。実は受話器が持ち上がっていたら、その近所にああ透明人間が坐ってやっているのだなということを想像することができれば、理解が非常に深まるのです。

関数というのはそういうものであって、見えないものを、働きの背後にあるものを何か想像する力が出てくれれば関数はわかる、こういっていいと思うのです。それをなかなか今まで教えてくれなかった。ブラック・ボックスがわかりやすいのは、装置が目に見えますから、こういう目に見えるものから説明して、だんだん目に見えないものを想像できるようにしてやればいいということです。そういう見方でものごとを見るという見方が関数の考えです。

だから関数なるものは、ライプニッツ以前にも幾らでもあったのです。ただライプニッツがそういう考えを出してから、人々がそういう角度でものごとを見るようになった。これは大きな違いです。ものが変わったわけではないですけれども、見方が変わってきた。つまりいままではこのfというのは見えなかったのだけれども、これがちょうど透明人間みたいなもので、たとえば$y=x^2$、こう書いてあるだけでは単なる等式ですね。そう見たっていいのですけれども、これを二乗するという働きの中へxが入ってyが出てきたのだという見方をする。そういう見方でこの式を見るということが関数的な見方なわけです。$y=(x)^2$、何かを二乗する働きというものを特に取りだして考える、そういう見方がライプニッツによって初めて出されたのです。

だから関数は大昔からそういう目で見れば幾らでもあったわけですけれども、そういう見方をするということが新しい。数学というのはそういう点では、いろいろな絵とか文学とそう変わらないものです。つまり新しい見方を教えてくれる。

たとえば芭蕉の俳句の「閑《しず》かさや岩にしみ入る蝉の声」という句がつくられる前だって、岩にセミがとまって鳴いているという風景は限りなく起こったと思うのです。あの俳句をつくる前は、ただ単なる岩にセミが鳴いていただけだ。ところがああいう俳句を芭蕉がつくってからはそういう見方で、あれはしずかさをあらわしているという見方で見るようになってきた。関数という一種のめがねをかけて世の中のいろいろな現象を見るようになってきた。新しいめがねをつくってくれた。あるいは絵でいえば、ゴッホがひまわりをかいた。ひまわりなどごくありふれた花で、大昔からあったのだけれども、あの絵を見てから、ひまわりを見る一つの角度が人間に与えられた、それと同じようなことだろうと思います。

大昔からあったけれども、関数というめがねでいろいろな現象を見ることを、ライプニッツが初めて教えてくれた。そのめがねを一度手にすれば、そのめがねで見ることによって、いろいろな現象が非常に深いところまで見える。そういうものにすぎないのです。

だから関数というのは考えようによっては非常に広い概念である。一つの会社あるいは学校——学校だってある意味では、そういうブラック・ボックスだと考えていいと思うのですね。生徒が入ってきて中でいろいろな加工をやって卒業していく。そういう意味でインプットからアウトプットに当たるものがちゃんとあります。人間のからだだってある意味ではそういうものだ。ただ非常に複雑です。要するに機械というのは大体においてブラック・ボックスである。原料が入ってきて加工されて出ていく。そういう目で見ると、至るところに関数がある。そういうふうに考えれば、関数というのは案外やさしいものである。

おそらく皆さんの子どもさんがたぶん中学か高等学校にいくと必ずわからなくなって、「おとうさん、この関数というのは何だ」ときかれるでしょうから、そのときにもいまのような説明をしていただくとわかるのではないかと思います。

因果の法則

ではなぜ十七世紀になって、この「関数」という概念がでてきて、それが近代の数学の主要な概念にのし上がったかを考えてみなければなりません。

十七世紀は「科学革命」の時代といわれるほど自然科学が飛躍的に発展した時代でした。そのピークをなすものは、いうまでもなくニュートン力学でした。その時代に重力の法則をはじめとして、自然のかくれた法則がつぎつぎと発見されていったのです。

ところで自然の法則は多くのばあい、原因と結果のあいだの結びつき方をいい表わしたものです。それは、これこれの原因があれば、これこれの結果が生まれるという形、つまり因果法則の形をとります。

その一例としてガリレオの発見した落体の法則があります。それは地上で物体を落としたとき、その落下の時間（t秒）から落下した距離（Scm）を求める法則です。式にかくと、つぎのようになります。

$$S=\frac{1}{2}gt^2$$

ここで g は約 $980\,\mathrm{cm/sec^2}$ です。

落下の時間を原因、距離を結果とみれば、これは原因から結果を導き出す法則だといえます。

結果 ◀—— 原因

$$S=\frac{1}{2}g(t)^2$$

ここで原因から具体的に結果を導き出すなかだちになっているのは

$$F(\quad)=\frac{1}{2}g(\quad)^2$$

という関数なのです。

ところで原因の時間も広い意味の量であり、距離もやはり広い意味の量ですが、この $f=\frac{1}{2}g(\quad)^2$ という関数は量的に表わされた原因から量的に表わされた結果を導き出すブラック・ボックスのようなものです。

結果＝f（原因）

これは一例にすぎませんが、自然科学における法則は以上のような諸々の量のあいだの因果関係によって表わされるものが多く、それが数学的には関数という形をとることがきわめて多いのです。つまり関数は因果法則表現用の言葉だといってよいでしょう。

このようにして、関数は十七世紀の科学革命において重要な役割を果たしたのです。いうまでもなく、それ以後も数学の重要な柱の一つとなったのです。

このことは数学が、数学の中だけで発展するものではないことをよく物語っています。

数学は一般的な科学全体の有機的な構成部分であり、もっと広くいうと人類の認識活動の一部分であり、それから切り離されたものではありません。他の科学、たとえば物理学や天文学などのような隣合った分野との交互の影響のもとにはじめて健全な発展を遂げ得るのです。そのよい例が関数です。関数はまさに十七世紀の科学革命の要求によって生まれてきたものだといえます。

このことを裏側からみることもできます。和算、つまり日本の数学は江戸時代に急速に発展して、当時のヨーロッパにくらべても決して劣らないような数々の成果を生みだしました。

しかし、そこでは関数の概念はついに生まれなかったといわれております。それは数学以外の物理学や天文学が発達していなかったために、そこから刺激を受けることができなかったためでしょう。その時代には数学だけが孤立しながら発展していたのです。そのために、自然、数学の内部だけに閉じてもらわざるを得なくなったのです。つまり数学は学問的自閉症にかかっていたわけです。そのことが関数の概念を生み出さなかった本当の原因であろうと思われます。

この関数の研究に分析・総合の方法を徹底的におしすすめたのが微分積分学であったといえます。もちろん分析が微分、総合が積分に当たります。

もちろん、関数は量的因果法則の表現手段という十七世紀的な意味から出発しつつも、その後、しだいに意味の拡張が行なわれ、現代では対応、写像、変換という、より広い意味をもつようになっています。しかし、出発点となった十七世紀的な意味は今日でも依然として重要です。

こういう数学の考え方が、だいたい十九世紀の後半ぐらいまで数学の主流だったのです。もちろん、ニュートン力学の性格は精密性にある。これは原因と法則を精密に知ることができたら、結果は同じだけ精密に予言できる、といったような信念で貫かれている。だからニュートン力学はまさにそれの模範的な例であります。

統計的法則の背景

ところが、近代の数学というのは、この精密化ばかりつくりだしたわけじゃなくて、ある意味では半精密化という学問を一方ではつくりだした。これは今日でいう確率論です。確率というものは、みなさんもよくご存じだと思いますが、最近ではよく新聞などにも使われている。これは必ずしも精密とはいえない。物事を大づかみにつかんで、原因もあんまり精密にはわからない。大づかみにしかわからない。したがって結果のほうも大づかみにしかわからない。そういったような現象を研究するのに使われる。

こういう学問が生まれてきたのは、これはやはり近代にはいってからであります。ある意味では、この確率論という学問は資本主義と一緒に生まれてきたといってもいいんじゃないかと思います。

なぜかっていうと、この確率論を生みだす原因になったのは賭博、ギャンブルであります。ギャンブルというのは元来、お金、貨幣がだぶついていないと発達しないだろうと思うのです。発達といっちゃ悪いけれども、昔のように農業が主で、財産といえば土地や田畑だけであるといったのでは、賭けはできないわけです。田畑を賭けるなんていうことはちょっとできない。やっぱり簡単にやったり取ったりできるお金でないと賭けられない。商業が発達し、かなり資本主義が発達して金がだぶついてこないと、ギャンブルは盛んにならないと思うのです。もちろんギャンブルっていうのは人間の本性みたいなもので、大昔からあったことはあったようです。人間は退屈すると必ずギャンブルをやったということが歴史の中にありますが、なかなかギャンブルというのは人間からなくすことができないようですけれども、この確率論というのはギャンブルをうまくやるためにでてきた。だいたい十六世紀ぐらいにイタリアで起こった。イタリアは、ご存じのように資本主義がいちばん早く発展したところである。ここで盛んにギャンブルがやられるようになった。

ギャンブルをいかにうまくやるかということで、この確率論の最初の理論をつくった人がカルダノ（一五〇一―一五七六）という人です。これは十六世紀のたいへん有名な学者であります。さっきお話した三次方程式の解法にも関係がある。三次方程式の根の公式はカルダノの公式といわれているわけで、たいへん多方面な学者である。しかし、何で暮らしていたかというと一時はギャンブルで暮らしていた。ギャンブルも好きで、たいへんうまかったらしい。そこで彼はギャンブルの理論をつくった。これが今日の確率論の開祖です。

今度は、もう少しあとになってフランスで、みなさんもご存じのパスカル（一六二三―一六六二）、フェルマ（一六〇一―一六六五）、こういう人たちが、自分ではやらなかったようですが、友だちにギャンブルの専門家がいて、サイコロを、こういうときにはどっちが有利だろうかという問題を出して、それを考えているうちに確率という概念をつくりだした。パスカルのでたのは十七世紀の初めごろですから、相当に金がだぶついてきた。これも資本主義がかなり発展してきたためです。

それから、もう一方では、人口がだんだんふえてきて、人口統計の必要が起こってきた。そして、これも資本主義の発展に伴なって人口がふえてきた。そういうところからやはり社会現象の集団的な観察が必要になってきた。昔はそんなことは要らなかったけれども、人口がふえて商売がたいへんに盛んになってきたりすると、どうしても集団的に考える必要が起こってくる。現在でも自動車がたいへんふえてきて、この交差点はゴー・ストップを何秒おきにしたらいいかということになると、自動車が一秒間にどのくらいの確率で通るだろうということを基礎にして計算せざるをえない。昔のように自動車なんかろくになかった時代は、ゴー・ストップがあったにしてもいいかげんでよかった。しかし、集団現象が起こってくるとどうしてもこれが要る。つまり社会現象が集団化してきたために確率論の必要が起こった。だいたい、この二つのことの刺激から確率論という学問がでてきた。

統計的法則

確率というのは精密ではない。サイコロを振って一の目が必ず出るとはかぎらない。かぎらないけれども、何か未来を予測したいという要求が人間にはある。丁か半か、どっちかということはわからないけれども、どういうばあいにはどっちが有利かということはまず知りたい。そういう人間の要求からでてくる。あんまりその要求が強すぎて八百長になったりするわけですけれども、本来、確実でないものを確実にしようとすると八百長をやらざるをえない。博奕《ばくち》もイカサマをやるということになるわけですが、それでは確率論はでてこないわけです。不確かなまま、少しでも未来をある程度予測したいところからでてくる。

そういう法則、つまり中途はんぱな精密さをもった法則、集団現象の中には、そういう法則がだんだんでてくる。一つポツン、ポツンとやるとわからないが、大勢の者が同じような条件の中で動くと、全体として大づかみではあるけれども、全体の傾向みたいなものが出てくる。こういう法則を統計的法則というふうにいっています。統計法則は精密ではない。半精密とでもいうべきものであろう。社会現象は、だいたい、そういう法則だと思うのです。大勢の人間がどんなふうに動くかということを、ひとりひとり目をつけていたらわけがわからなくなる。全体としてどう動くか、大づかみに何か法則みたいなものを発見しようというわけです。

たとえていうと、夏の夕方、藪蚊の群れが集団をなして動いています。一つ一つの蚊を見るとたいへんな速度で動いていてわけがわからない。しかし、藪蚊の蚊柱全体としては一定の方向に移動している。これは一種の統計法則です。

社会現象もだいたい藪蚊のような、人間を藪蚊にたとえては悪いけれども、そういうものとして見るのです。大づかみな法則、だからどっかの広場で行なわれたきょうのデモはどれだけかということを、ひとりひとり数えてはいないと思うのです。やっぱり大づかみに、何万人集まったといっているわけですが、主催者の発表と警察の発表はたいてい違っている。たして二で割ると本当だという。ああいうのは一つの統計的なつかみ方である。こういうのが現在のように、非常に高度に集団的になった社会現象をつかむのには、たいへん有効な方法です。

これを半精密科学とでもいったらいいでしょう。これが近代の複雑な時代にでてきた。現在でも統計的方法、あるいは確率的方法は、数学の中のたいへん大きな部分を占めるようになったということはいえます。

現代の数学

現代数学の特徴

以上で、古代、中世、近代の三つの時代の数学の、おのおのの特徴のようなものをお話ししたのですが、これから現代の数学はどういうような特徴を持っているかということをお話してみたいと思います。

『数学は変貌する』という題にしましたのは、変貌するというのは顔の形が変わる意味だと思いますが、人間が変わったわけではないけれども、顔の形がいろいろ変わっているんだ、本質そのものが変わっているとは必ずしもいえないかもしれないけれども、見かけが、顔つきがだいぶ変わってくる、特に現代の数学のばあいには、そういうことが相当はっきりいえるのではないかと思うのです。

おそらくみなさんは、現代の数学というものはあまりご存じないかもしれない。近代の数学のいちばん中心は微分積分学であったというふうにお考えになれば、数学というのはだいたいどういうものかということは、その性格はおおまかにつかめると思います。しかし、現代の数学となるといわゆる高等学校、大学、大学の数学科というところはいちおう除いて、それ以外のところでは、せいぜい近代までの数学しか講義されていないと思うのです。そういう意味で現代の数学というのはみなさんにとってかなり新しい考えで、あるいはたいへん意外な考え方がでてくると思うのです。むしろ今までの数学というものの概念を忘れてしまったほうがいいくらいです。現代の数学を理解するには、数学に対する既成の概念は一応棚上げしておいて、まったく新しいことを聴くつもりで聴いていただくと、かえってわかりやすいのではないかと思います。数学というのはそんなことをやるのかと、多分、意外な感じを持たれるかも知れません。

　現代の数学というのは、数学の歴史の中ではいちばん新しい最近の発展であります。主として二十世紀になってはっきりでてくる。だからとてもむずかしいことをやっているのだ、とても素人にはわからんような話になるのではないかというふうにお考えになったら、それはそうではない。むしろ現代の数学のほうが素人にわかりやすい面をたくさん持っているともいえます。近代の数学の中心である微分積分は、考え方は簡単でありますけれども計算の技術なんか相当厄介である。現代の数学ももちろん、そういう面がありますけれども、考えそのものはたいへん簡単であるということがいえるんじゃないかと思うのです。

幾何学が時代の区切りになった

だいたい、歴史的に現代の数学というものが、それ以前の数学とたいへんはっきりと違った考え方をまず打ち出したのは、一八九九年に発表された、D・ヒルベルト（一八六二―一九四三）という数学者の『幾何学の基礎』、この中に現代の数学の特徴的な考え方がはっきりと打ち出されたということがいえると思います。

　前に数学の発展の歴史を大きく分けて、古代、中世、近代としたわけですが、古代から中世へ移るきっかけになったのはユークリッドの『原論』であった。これも主として幾何学に関する本であります。それから、中世から近代の数学に移るきっかけになっているのがデカルトの『幾何学』であります。今度は、近代の数学から現代の数学へ移るのがヒルベルトの『幾何学の基礎』である。その歴史の区切りになっているのがみな幾何学であることはたいへんおもしろい。

　どうしてかというと、幾何学というのは、数学とわれわれの住んでいる世界、あるいは客観的世界とのつながりを問題にせざるをえない学問であります。幾何学で扱う点とか直線は何であるか、それに対する見方をはっきり決めないとはじまらない。ほかの学問ももちろんそういう点がありますけれども、幾何学ほどそういう問題がはっきりでてくるものはない。そういう意味で、われわれの住んでいる世界、あるいは客観的な実在というものをどう見るかというようなところでいろいろな考え方がでてくる。それが幾何学はいちばんはっきりでてくる。これは私の考えですが、そういう意味で幾何学が歴史の区切りになっていると思います。

ヒルベルトの『幾何学の基礎』というのは、これは表面的に見ますと、それまでのユークリッドのばあいには、だれも疑問の余地のないぐらい自明な事柄を公理としていくつか設定して、それを組合わせることによって複雑な事実を導き出してくるといういき方であったのです。ヒルベルトの『幾何学の基礎』の最初の目標は、ユークリッドの中にある公理……いくつかの公理がありますが、その公理はたいへん不完全なものである。不完全であり、しかも余計なものがある。あるいは足りないものがある。そこで余計なものは全部除き、必要なものは全部入れる。すなわちユークリッドの幾何学を展開していくための必然かつ十分な公理系を打ち立てようというのが一応の出発点であります。たとえばユークリッドの公理の中には、いわゆる論理的でない、いろんなおかしなものがたくさんはいり込んでくる。また証明の中には公理にないようなことを知らず知らず使ってしまっているところがたくさんある。そういうことをなくそう。そういう一応の目標でありますけれども、ただそういう目標だけであったら、それは大した価値のあることではないと思います。そんなものを作ったって、それほど大きな影響を数学全体の中へ与えるとは思えない。

無定義語

まず、ユークリッドのばあいには、幾何学の出発点となるところの点とか直線とか平面とかいうものが「何であるか」ということが決めてあります。点というのは部分を持たない。部分を持たないというのは、大きさがあるといくらでもそれを分割すれば部分がでてくるから、つまり大きさがないということを意味する。直線は真直ぐであるといったような定義がしてある。この定義というのは、幾何学の使っている点、直線、平面という概念と、実在とのつながりを説明したものであるわけです。

ところが、ヒルベルトにはそれがない。点、直線、平面の、いわゆる普通の意味の定義はないのです。こういうものをヒルベルトは「無定義語」という。点、直線、平面ということばは普通と同じように使っておりますが、それはその本を読んだときよっぽど気をつけなければならないけれども、ヒルベルトが頭の中に描いているのはそういうものではない。ただ慣習によってそういっているにすぎないということであります。こういう点が素人にはたいへんわかりにくい考えであります。何であるかをまず決めないで、議論をはじめるのはおかしいではないか。そこのところがわかると現代の数学というのは半分ぐらいわかったといってもよい。そこのところがいちばんむずかしい。

なぜ無定義語から出発するかということであります。これはおいおい説明をいたしますが、そういう点ではユークリッドの『原論』とヒルベルトの『幾何学の基礎』は根本的に違っている。もちろんヒルベルトのこういう考え方が出し抜けに現われてきたわけではありません。こういう考え方をヒルベルトにさせるような、いろいろな歴史的な発展がある。

たとえば、ヒルベルトよりだいぶ前、百年ぐらい前に、幾何学の中に双対の原理というものがあります。

これはどういうのかというと、点と直線だけからできている幾何学があります。曲線はしばらく考えに入れない。そういう幾何学を『射影幾何学』といいます。つまり光線で映したときに直線は直線に映されるといったことです。点は点に映される。曲がった線はしばらく考えていない。こういうような射影幾何学で、ある点と直線に関するある定理が成り立っている。そのときにそこで点と直線といっているのを、点を直線で入れ替え、直線を点で入れ替える。そういう定理を述べた文章の中で、点のかわりに直線と入れ替える。直線を点で入れかえる。それから「まじわる」ということばを「むすぶ」ということばで置替える、「むすぶ」ということばを「まじわる」で置替える。そうすると同じ定理が成り立つという、有名な双対の原理といわれているものがあります。

　そうなってくると、われわれが点というのは、普通、鉛筆の先でポンと紙の上にマークしたようなものを点といっている。直線というのは定規で書いたような線をいっているが、この双対の原理を考えてみると、実は点というものを直線で置替えてもいい、直線を点で置替えてもいいということになって、そこへ出てくる点というのは、ばあいによっては普通の意味の、われわれのよく知っている点と考えてもいいし、今度は直線と考えてもいいわけです。また普通の意味の直線、あるいは普通の意味の点と置替えて考えてもいいことが起こる。これなんか一つのきっかけになっている。だから点といっているのは定義しないというよりは、つまり実在とのかかわり合いを決めておかないほうが都合がいい。融通無碍《むげ》にしておいたほうがいい、つまり無定義語にしておいたほうが都合がいいのです。ヒルベルトという人は、おそらくここ百年ぐらいの間に生まれた数学者でいちばん偉い人の一人だと思いますが、この人は人を驚かすような逆説をいうことのたいへん好きな人であった。この『幾何学の基礎』という本を出したとき、無定義語の説明をするのに、「ぼくがここで点、直線、平面と言っていることは、机や椅子、ビールのコップというようなもので置替えてもいい」というようなことをいったために、当時の人がたいへんびっくりしたそうです。これは無定義語だということです。そんなことを別にいっているわけではないけれども、物事を極端にいうことの好きな人だったからそういったのです。何であるかということを決めておかないほうがいい。では、何を決めてあるかというと、点と称するもの、直線と称するものの間にある相互関係をはっきり決めておく。これが公理なのだということになるのです。これはヒルベルトの『幾何学の基礎』の基本的な考え方です。

こういう考え方ができたために、二十世紀の数学の新しい考えがここに誕生したといっていいわけです。ずいぶん奇怪な考え方だと思われるかもしれません。しかし、よく考えてみますと、こういうことは今までもあったのです。代数の x とか y とかいうのは、ある意味では何でもなりうるもの、つまり無定義語のようなものである。x

のとりうる値というのは、はじめは整数とか有理数とか実数とか決めてありますけれども、ばあいによっては、初め決めておかなかったようなものがでてくることはいくらでもある。二次方程式を解くとき、xは初めは実数だと思っていたら、今度は虚数というのがでてくる。はじめに考えていないようなものがここででてくる。たいへん融通無碍になっている。何だかわからないxとyの間の相互関係がここに規定されているだけである。

今までもこんな考えはあったわけですね。これをたいへん徹底的に押し進めた。さっき数学は変貌するといいまして、新しい考え方はでてきても、よく考えると、新しいという考え方は大昔からすでにあるわけです。たいていのばあいはそうです。本当に新しいものというのはあまりない。古い考えをアクセントを変えて別の人がつくりだすといったことが多いわけです。

ヒルベルトは、このようにして『幾何学の基礎』で無定義語の間の相互関係を規定したものを公理として展開していった。ここまで徹底した考え方はヒルベルト以前にはなかった。

このヒルベルトの考え方をもっと現代風にわかりやすいことばで述べたのが構造という考え方です。構造は英語では Structure です。

ところで構造を理解するにはその前にどうしても集合についての知識が必要ですので、準備として集合についてお話しておきたいと思います。

集合とはなにか

近ごろ「集合」ということばがポピュラーになりました。そのわけは、今度の新しい小学校の教科書にこのコトバが登場してきたからです。

この「集合」というコトバは今のおとなの方々には耳なれないコトバだと思います。「あす、午前八時に駅に集合せよ」というようなことは日常の会話で使いますが、そのときの「集合」は動詞として使われています。ところが、これからお話しする「集合」は名詞なのです。つまり「集まり」もしくは「集まったもの」なのです。そういう名詞的な用法は日常的にはあまり見当たらないようです。

だからといって特別むつかしいわけではありません。要するに日常的に「集まり」といわれている考え方から出発して、それを数学的に記録し、厳密にしたのが集合だといったらいいでしょう。

がんらい数学といえども私たちの日常的で常識的な世界からかけはなれているわけではなく、それと何かのかかわりのあるものが多いのです。たとえば数学でいう「直線」は日常的に使われている「まっすぐな線」とまるで別な考えではありません。「このレールはまっすぐな線になっている」ということは日常的には誰にもわかる文ですが、レールが数学的な「直線」をなしているとはいえません。なぜなら数学的な直線は幅があってはいけないからです。

つまり数学的な「直線」は日常的な「まっすぐな線」にもとづいていますが、それを洗錬して、より厳密にしたものなのです。

同じことが「集まり」と「集合」についてもいえます。「日比谷公園の人の集まり」は日常的もしくは常識的には立派に通用する言い方です。しかし数学的に

「日比谷公園の人の集合」

という言い方はちょっと困るのです。
なぜでしょうか。そのために「集合」とは何であるか、まず第一の条件をあげてみましょう。

それは「閉じている」ことです。

ある部屋に何人かの人がいて、ドアは閉めたままであるとする。このとき「この部屋にいる人の集合」ということは数学的に意味があります。それはその部屋のなかにいる人はその集合の一員であるし、部屋の外にいる人は集合の一員ではないことがは

っきりしている。

しかし「日比谷公園にいる人の集まり」は常識的には差支えなくても、数学的に「日比谷公園にいる人の集合」となると、これは問題です。

なぜなら、ある人がその集合の一員であるかどうかがはっきりしないことがあるからです。入口のところを出たり入ったりする人が絶えずいたら、そういう人がその集合の一員かどうかははっきりしないからです。ちょうどドアを閉ざしたときの部屋のように、そのメンバーがはっきりしていて疑問の余地のないものであるとき、それは「閉じている」といいます。この「閉じている」ことが集合の第一条件です。

だから「背の高い日本人の集合」といっても、それは数学的には成立たないでしょう。なぜなら、背が高いかどうかには正確な基準がなく、したがって、そのメンバーがはっきりしないからです。

このように「集合」にはそのメンバーがありますが、そこで、ある集合Eに対して、そのメンバーaをEの「要素」といいます。あるいは「aはEに属する」ともいいます。

このことを

$$a \in \mathrm{E}$$

で表わします。

逆に「aはEに属しない」ということを

$$a \notin E$$

で表わします。

だから、Eが数学的な意味での集合であるかどうかは、何か勝手なものaをもってきたとき

$$a \in E$$

となるか、それとも

$$a \notin E$$

となるかがはっきり判定がつくということです。

もう一つ、集合について言っておきたいことは、それが、必ずしも物体の集まりである必要はない、ということです。

「この机の上にある本の集合」

というときは、そのメンバー、すなわち要素は一つの物体ですが、たとえば、

「一週間の曜日の集合」

というとき、その要素は物体ではありません。その集合は日、月、火、水、木、金、

土ですが、それが集合Wを形造っていることを、つぎのようにカッコを使って表わします。

つまり、その要素をすべて列挙して、それをカッコで包んでおくのです。

$$W=\{\text{日},\ \text{月},\ \text{火},\ \text{水},\ \text{木},\ \text{金},\ \text{土}\}$$

$$\text{集合}=\{\text{要素},\ \text{要素},\ \dots\dots\text{要素}\}$$

という書き方です。たとえば「5より大きく、10より小さな整数の集合E」といえば

$$E=\{6,\ 7,\ 8,\ 9\}$$

と書けます。

このように要素を列挙する代わりに、その要素の満たす条件を示して、そのような要素の全体という表わし方もあります。たとえば「国鉄の駅全体の集合」というのは数学的な集合としての資格がありますが、カッコの中で列挙するのはきわめて困難です。そのときは前のように「国鉄の駅全体の集合」といういい方で表わします。記号的にはその集合Aは

$$A=\{x \mid x\ \text{は国鉄の駅である}\}$$

という表わし方をします。

この表わし方は日本語よりは英語の関係代名詞の用法によく似ています。つまり、

二番目のxはWhichに相当するわけです。後のほうはxの条件を表わす文になっています。

含む・含まれる

つぎに二つの集合の含む・含まれるの関係を数える必要があります。たとえば東海道新幹線こだまの駅の集合Aはつぎのようになります。

A＝{東京、新横浜、小田原、熱海、三島、静岡、浜松、豊橋、名古屋、羽島、米原、京都、新大阪}

また「ひかりの停車する駅の集合」Bは

B＝{東京、名古屋、京都、新大阪}

です。ここでBの要素はすべてAにも含まれています（図7）。つまりBはAの一部分なのです。このときBはAの部分集合といいます。記号的には

A⊇B，もしくはB⊆A

と書きます。下に＝が添えてあるのは等しいばあいにも通用するようにしたのです。この⊆という記号は数のばあい

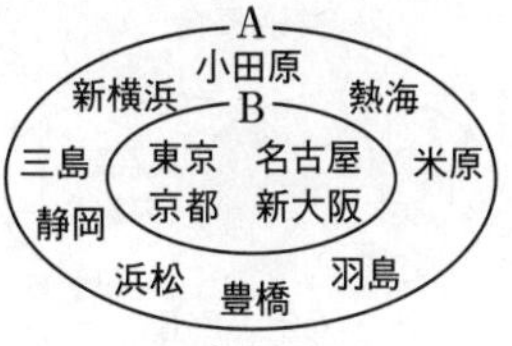

A⊇B

図　7

共通集合

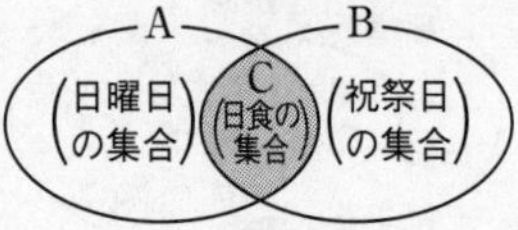

$C=A\cap B$

図　8

合併集合

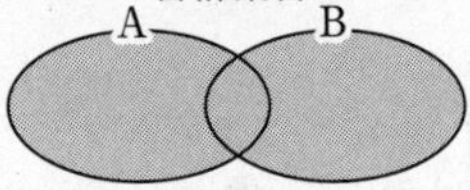

$A\cup B$

図　9

の大小関係≦によく似ています。

　これに対して、二つの数を＋、×などでつないで第三の数をつくり出すことによく似た手続きがあります。それは共通集合と合併集合です。たとえばある年の日曜日の集合をＡ、その年の祝祭日の集合をＢとしたとき、いわゆる「日食」の日は、ＡとＢとに属する日です。つまり「日食」の日の集合Ｃは、ＡとＢとの共通部分に当たります。このことを

$$C=A\cap B$$

という記号で表わします。

　換言すれば$C\in A$であり、かつ$C\in B$となるすべてのＣの集合が$C=A\cap B$になるわけです。（図8）

　これに対して、Ａに属するか、それともＢに属するか、その一方であってもいい要素の集合を、ＡとＢの合併集合といい、$A\cup B$で表わします。（図9）

　ここで二つの集合Ａ、Ｂから、他の集合$A\cap B$，$A\cup B$がつくり出されるわけです

が、これは二つの数 a, b から $a+b$, ab がつくり出されるのによく似ています。

集合と形式論理学

ここで一つの集合Eをその満たす条件によって定義するやり方、すなわち、

$$E=\{x \mid x\text{は……である}\}$$

というやり方にかえってみましょう。

「xは……である」

というのはxを主語とする一つの命題ですが、この命題を $P(x)$ という形で表わしてみましょう。ここで「……である」が $P=(x)$ に当たります。つまりこれは主語xと述語 P(　) をつないだものです。このように考えたときの $P(x)$ をxを変項とする命題関数と呼ぶことがあります。だからEは $P=(x)$ を真ならしめるx全体の集合となるわけです。

結局ここで述語 P(　) から集合Eが決定されたことになります。

$$E=\{x \mid P(x)\}$$

Eを $P(x)$ の真理集合ということがあります。ここで集合と論理学とが結びついたことになります。

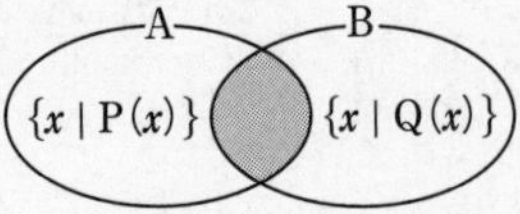

$\{x \mid P(x) \wedge Q(x)\}=A \cap B$

図　10

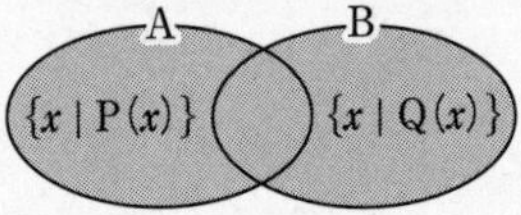

$\{x \mid P(x) \vee Q(x)\}=A \cup B$

図　11

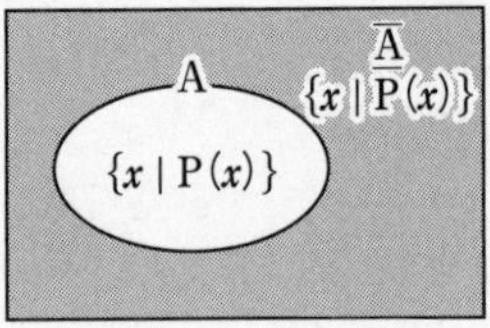

$\overline{\{x \mid P(x)\}}=\{x \mid \overline{P(x)}\}$

図　12

二つの命題 $P(x)$ と $Q(x)$ を同時に真ならしめる、つまり $P(x)$ かつ $Q(x)$ を真ならしめる集合が双方の真理集合の共通集合になります。$P(x)$ かつ $Q(x)$ を、$P(x) \wedge Q(x)$ と書くと、つまり

$\{x \mid P(x)\}=A$

$\{x \mid Q(x)\}=B$

ならば　$\{x \mid P(x) \wedge Q(x)\}=A \cap B$　（図10）

同じく「$P(x)$ または $Q(x)$」を $P(x)\vee Q(x)$ で表わすと、

$$\{x \mid P(x)\vee Q(x)\}=A\cup B \quad （図11）$$

となり、また $P(x)$ の否定を $\overline{P}(x)$ で表わすと、その真理集合は、$P(x)$ の真理集合Aの補集合 $\overline{A}$ になります。

$$\{x \mid \overline{P}(x)\}=\overline{A} \quad （図12）$$

このようにして、集合の世界の∩、∪、—が命題の世界の∧、∨、—と照応することがわかりました。

合成と分解

以上は形式論理学と集合との関係ですが、集合の意義はそれには止《とど》まりません。たとえば二つの集合から新しい集合をつくり出す方法の一つとして直積という手続きがあります。

たとえば五十音のなかでカ行、ナ行、マ行、ラ行は合せて二十の音がありますが、それは子音の集合

$$A=\{k,\ n,\ m,\ r\}$$

と母音の集合

$$B=\{a,\ i,\ u,\ e,\ o\}$$

を組合わせて得られます。

$$C=\left\{\begin{array}{l} ka,\ na,\ ma,\ ra \\ ki,\ ni,\ mi,\ ri \\ ku,\ nu,\ mu,\ ru \\ ke,\ ne,\ me,\ re \\ ko,\ no,\ mo,\ ro \end{array}\right\}$$

つまり、このようにAとBからつくり出される集合を、AとBの直積といいC＝A×Bで表わします。

あるいはCがはじめにあったときA×Bで表わすことをCの直積分解といいます。

直積分解のもっとも鮮やかな例は座標です。平面上の点Pを（x, y）という二つの実数の組で表わすことは、平面上の点の集合を二つの実数の集合の直線に分解することにほかなりません。

これは複雑なものを単純なものに分解したり、逆に単純なものを複雑なものに合成する、いわゆる分析・総合の方法と関連してきます。

いうまでもなく、A、Bが共に有限個の要素からできている集合であったら、A×

Bの個数はA、Bの個数の積になることは明らかです。

対応と写像

さらに進んで二つの集合を比較したり、一方から一方に変換したり、一方に写したりすることが問題になってきます。

たとえば選挙人の集合

$$A = \{a_1,\ a_2,\ \ldots\ldots\}$$

と被選挙人の集合

$$B = \{b_1,\ b_2,\ \ldots\ldots\}$$

があったとき、単記の投票は、誰が誰に投票したかを問題にすると、

$$a_1 \longrightarrow b_2$$
$$a_2 \longrightarrow b_4$$
$$a_3 \longrightarrow b_1$$
$$\ldots\ldots\ldots$$

という対応がつきます。つまりAの要素からBの要素への対応がつきます。この投票のしかたの種類は全部でいくつあるかというと、実に沢山あります。たとえばAが三

個、Bが二個だったら、

$$A=\{a_1,\ a_2,\ a_3\}$$

$$B=\{b_1,\ b_2\}$$

全部で$2^3=8$種類あります。これはAがm個、Bがn個のときはn^mとなることは容易にわかります。

このことから、AからBへの対応、もしくは写像の全体をB^Aと表わすことにしましょう。これは集合Aから集合Bへの写像、もしくは変換を媒介するものへと目を向けたことになります。

以上は主として有限個の要素をもつ集合、すなわち有限集合についていえたことですが、それらのことを無限集合にも押しひろげようとしたのが十九世紀後半に生まれた集合論です。

集合論はカントル（一八四五―一九一八）によって作り出されたものですが、学問的にどのような性格をもっているのでしょうか。それについてのべてみましょう。

数学的原子論

まず第一の特徴は原子論的であるということです。それは古代ギリシャにはじまった自然哲学としての原子論と同じく、あらゆるものをその最小の単位、すなわち原子にまで分解せずにはおかない、という強い要求に動かされている、ということです。その意味で集合論は数学的原子論といっても決して過言ではありません。たとえば集合論は、直線を点の集合——もちろん無限集合——であるとみなします。いいかえると、これは直線を点という原子に分解したことです。ただそうすることによって無限集合という厄介なものを呼び起こしてしまったのです。このようにして集合論は数学のあらゆる分野に原子論的方法を導き入れることになったのです。

空間的

第二の特徴はそれが時間的であるより空間的だということです。がんらい無限については古来から二つの対立する見方がありました。その一つは可能性の無限であり、それはアリストテレスによって代表されるものです。

1、2、3、4……

という自然数を数えていく手続きにあくまで執着するなら、それはいつまでたっても終わることはありませんが、いかなる限界をも突破してそれを越えていく可能性があります。つまり無限とはいかなる限界をも越える可能性としてとらえられたのです。これは「数える」という手続きが時間の経過のなかで継起しているという意味では時間的な無限である、といえます。それは未来に向かって開いています。

この可能性の無限に対してカントルが対置したのは「実無限」といわれるもので、それは数えつくされた無限ともいうべきものです。たとえば直線を点の集合とみたとき、その集合は点ひとつひとつ数えていく手続きから独立して、そこに現実的に存在していると考えるほかはありません。それは時間からは自由になって空間的に同時に併存していると考えられたものです。それは空間的であり閉じています。

このような考えを数学のなかにはじめてもちこんだのはいうまでもなくカントルでしたが、これとよく似た無限観はアウグスティヌス（三五四―四三〇）などにすでにみられるといわれています。

全知全能の神は過去から未来までを一瞬のうちに、すなわち永遠の今において見通すといわれたが、それは時間を消去してすべてを空間的にみるともいえます。

だから二つの対立する無限観は時間的なものと空間的なものの対立であると言いかえてもよいでしょう。

そのことは有限のばあいにもすでに見られる。集合数と順序数との対立がそうです。

集合数は数える手続きから一応独立した概念であり、その意味では空間的でありそれに対して順序数は数えるという手続きのもとになっているから時間的であるといえます。

アメリカ・インディアンの一部族の言語では日数はもっぱら順序数であって集合数はないそうです。たしかに第一日と第二日が同時には存在し得ないのであるから、この頑固な思考のほうが理にかなっているともいえます。「二日間」というように日数を集合数としてとらえる考え方は時間的なものを強いて空間的にとらえようとする結果生まれてきたものです。その思考法をさらに徹底させたのが集合論であるといえます。

以上のべたような集合論は原子論的であり、かつ空間的なのですが、それらの特徴は具体的にはどのように現われてくるのでしょうか。

一対一対応

まず集合論のもっとも重要な考えである一対一対応についてのべてみます。

ここに五冊の本が一つの机の上においてあります。その本の集合を

$$A=\{a_1,\ a_2,\ a_3,\ a_4,\ a_5\}$$

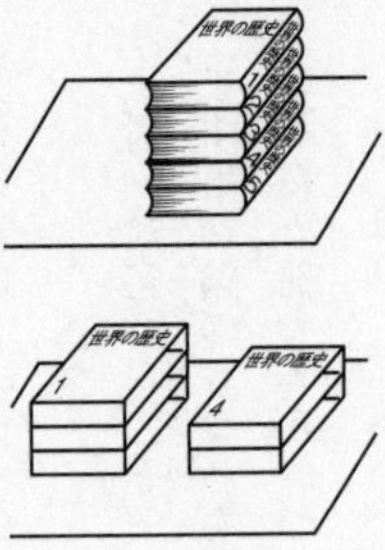

図　13

とします。

別のテーブルに、五本のケースが置いてあります。そのケースの集合を

$B = \{b_1, b_2, b_3, b_4, b_5\}$

とします。（図13）

a_1のケースはb_1、a_2のケースはb_2…というようになっているとします。そうするとAとBとのあいだにつぎのような一対一対応がつけられています。

A		B
a_1	→	b_1
a_2	→	b_2
a_3	→	b_3
a_4	→	b_4
a_5	→	b_5

一方Aの集合をみると、五冊が一巻から五巻まで一山につんであります。つまりこの五冊の本の集合Aの各要素のあいだには「上にある、下にある」という一種の相互関係が存在しています。

Bのほうにもやはり、「上にある、下にある」という相互関係が存在していますが、これは二つの山と三つの山との二つに分かれています。つまりAとBとでは、その要素のあいだにある相互関係の型は同じではありません。つまりAとBとは構造がちがうのです。にもかかわらず、AとBとは一対一対応が可能であることがわかります。

　集合論はこのときAとBとは同値とみなすのです。そのことを裏からいうと、AとBとの構造を無視したことになるわけです。そのような意味で同値な二つの集合に「五」という共通の名を与えるわけです。

　これは別に新しいことでも何でもなく、いやしくも人間が1、2、3、……という自然数を考え出したとき、すでにこのことを知っていたのです。だから、そのこと自身はきわめて古いことにすぎません。カントルの新しさはこの一対一対応という考えを無限集合にまで拡張して、無限の世界の扉を開いたことにあります。

無限集合

　A、Bが二つの無限集合であるとき、その要素のあいだに一対一対応がつけられるとき、AとBは同値である、あるいは同じ濃度をもつといい

$$A \sim B$$

という記号で書きます。

　ここまでは有限集合と変わりませんが、これから先に、有限集合では起こり得ない

ような逆説的なことが起こってきます。

たとえばAは自然数全体の集合

$A = \{1, 2, 3, \cdots\cdots, \cdots\cdots\}$

Bは偶数全体の集合

$B = \{2, 4, 6, \cdots\cdots, \cdots\cdots\}$

とすると、Bは明らかにAの部分集合です。

$B \subset A$

ところがAの要素にBのなかの二倍の偶数を対応させると、

A		B
1	→	2
2	→	4
3……	→	6……

AとBとの間には一対一対応ができます。つまりAとBは同値になります。

つまり部分が全体に等しいということになってしまいます。

このように一対一対応を武器にして無限の世界にわけていったのですが、カントルはつぎのような不思議にぶつかりました。それは直線上の点の集合と平面上の点の集合とが同値になる、ということです。

ちょっと考えると、二つをくらべて平面上の点のほうが圧倒的に多いだろうと思われるでしょうが、実は同じである。つまりうまくやると一対一対応がついてしまうのです。

カントルはこのことを証明したとき、自分自身で信じられなかったようです。そして友人に、

「我見れども、我信ぜず」

と書き送っています。当人が驚いたくらいですから、当時の学界で、一大センセーションをまき起こしたことはいうまでもありません。このことをよく考えてみると、直線上の点と平面上の点とがうまく一対一対応ができるとはいっても、その対応は、前にのべた本とケースのばあいと同じく、構造はまるで無視されてしまうということです。ここでいう構造とは「遠い、近い」という相互関係の型をさします。具体的にいうと、近い二点が遠い二点に対応したりして、それはいっさいお構いなしなのです。

以上で大体集合論の基本的な考え方はおわかりになったと思います。具体的なものの集まりはその要素どうしのあいだに何らかの相互関係があります。つまり何らかの構造をもっています。

ところが一対一対応はその構造を棚上げするはたらき、もしくは捨象するはたらき

をもっているといえます。つまり集合論はいっさいのものを原子にまで分解する役割をもっているといってもいいでしょう。

集合と構造

まず第一に集合（set）と構造（structure）という概念についてお話ししてみましょう。集合というのは簡単にいいますとものの集まりです。英語ではセットといいます。これはたとえば応接セットというのは机といすの集まりである。家具屋にいくと、応接セットというのは一つの組みで売っておりますが、ああいうのがセット、集合、ものの集まりです。

ただここで、ものの集まりなら何でもいいわけですが、ものでなくても、頭の中で考えた「もの」であってもけっこうです。たとえば一週間前における曜日の集まりは七つのものです。日月火水木金土、この曜日の集まりもやはり集合です。これを数学では、

A＝{日・月・火・水・木・金・土}

記号でこういうふうに書きます。これを「Aという集合」といいます。

ただこのように非常に広い概念ですが、一つだけやかましい規定がある。それは範

囲が厳格にきまっていなければいけない。たとえばこの部屋の中にいる人間の集合というとたいへんはっきりしておりますが、もし入口があいていて常に出たり入ったりする人がいたばあいには、ちょっと集合とはいえない。その人はその集合に入っているかどうかが曖昧だからです。あるいはこの部屋の中にいる人で背の高い人の集合といっても、これは集合ではありません。なぜならどのくらいから背が高いか人によってはっきりしないからです。人によってどの辺から背が高いというかわからない。あるいは東京の渋谷のハチ公前に集まっている人の集合、これもはっきりしません。ハチ公の前に坐っている人はそうであるかもしれませんが、あの辺をぶらぶらしている人は曖昧なわけです。そういった曖昧さがあってはいけない。それさえなければ集合といえるわけです。そのほかは何でもかまわない。

そういうものですが、これは一九世紀の終わりごろ、この集合の理論というものが数学の中へ出てきた。実はここであげましたような集合は有限個のものの集まりです。この部屋の中にいる者の集合、人間の集まりは有限個の集まりですが、実はそういうものを目標にしたのではなくて、無限個の集まりを研究する学問として集合がでてきた。有限個の集まりももちろん集合ですけれども、集合の理論としてこれを「集合論」といいます。この集合論が実は一つの大きな刺激になって、現代数学が生まれてきたわけです。これは数学の歴史の中でたいへん革命的な理論であった。

そのことにあまりここでは触れられませんが、数学で集合というときは、有限集合よりはむしろ無限集合に重点がある。たとえばすべての整数の集まり、１、２、３、４、５、６というのは無限個あります。きりがありません。あるいは直線上の点の集まりも無限にあります。こういうものを集合と呼んで、それのいろいろな性質を研究しようというので、一九世紀の終わりに集合論なるものがでてきたわけです。

構造という概念―同型―

これは現代数学を生みだしていく一つの原動力になった。ところがその後構造という概念が出てきた。英語のストラクチュアです。これは何だろうか、むしろ集合と構造を二つ一緒に考えたほうが理解しやすい。構造というのは一体何なのかといいますと、これは集合に何か加わったものです。集合というのは単なるものの集まりです。その集まりをなしている一つ一つの構成分子、このばあいには月火水木という一つ一つを要素といいます。つまり要素の集まりなんですが、要素相互の関係は考えていない。ところが構造というのは、この要素の間に何らかの相互関係が規定されている、もしくはそういうものが定義されている、こういうものを構造と呼ぶわけです。

構造という概念、これを非常にうまく説明すれば建物にたとえられる。初め建物は昔からあったわけではなくて人間が建てたわけですが、建物が建つ前はまず建築材料を持ってくるわけです。そこの建物をつくる敷地へ建築材料を集めてやる、そういう状態のときはまだ集合だといっていい。お互いに何の関係もない。ところが建築材料を組み立ててくると、その建築材料の一つ一つの間に相互の関係がでてくるわけです。この石の上にはこの柱をのっけるとか、この柱とこの柱はこのはりでもってつなぐとか、つまり一つ一つの集合の要素の間を何らかの関係で結びつけるわけです。そうすることによって建物ができる。数学でいう構造とはそういうものです。

ただし建築物は物体からできています。しかし数学の構造は物体ばかりではなくてもっと広くて、いわば概念の建築物のようなものです。たとえばこういう月火水木金というのもものではないでしょう。月、火というのは一つの概念、これが月曜日だといって見せるわけにはいかない。物体だったら何か重さとか体積がある。そんなものはないわけですから、もので考えたものにすぎない。しかし曜日の集まり——集合は何かといえば月火水木金土なんですが、ところがよく考えてみると、この曜日の間には相互関係がある。たとえば日曜のつぎは何かというと月曜である。月曜のつぎは何か。「つぎの日」というもので日曜と月曜はつながっている、相互関係があるわけで

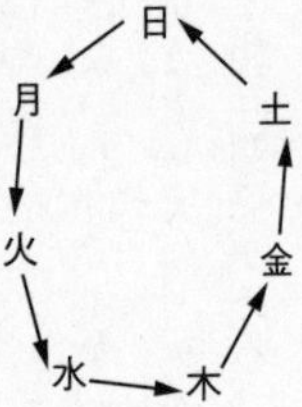

図14

図15

す。すなわち、これを一番うまい具合にあらわそうとすれば、ぐるっと回すとよろしい（図14参照）。こういう矢印で結びつけられている。そう考えるともはや構造になってくる。われわれはこういう構造を頭に入れていろいろな判断をしています。ぐるっと回ったものを何らかの形で頭に入れて暦というものを理解していると思うのです。つまりそういう構造が頭の中に入っているからいろいろな判断が敏速にできるのです。そういう意味でしたら、構造なるものはわれわれはとっくに知っていることなのだ、こういってもいいでしょう。

そういう例を二、三あげてみたいと思います。要するに何らかの相互関係を持った何かのものです。たいへん一般的ですけれども、構造とはそのくらい広い概念である。たとえばスポーツなどでリーグ戦というのがあって、三つのものの間に三すくみの関係になることがたくさんあります。一番よくでてくるのはじゃんけんです。石、鋏、紙ですが、石は鋏より強い。開いているほうが強く、つぼんでいるほうが弱い（図15参照）。じゃんけんの種類は幾つかあるといえば、石、鋏、紙といえばいい。これは集合ですが、相互関係はどうか、強い弱いの関係は図15のようになっている。これ全体は一つの構造だと考えてよろしいわけです。これは三すくみの関係。われわれはじゃんけんするときに、この構造がすっかり頭に入っていて、石を出したり鋏を出したりしています。こういう形で覚えているかどうかわかりませんが、要するにぐるぐる回っている関係です。こういう関係をもった構造は、単にじゃんけんだったら、こういうものを三すくみなどという言葉すら考える必要もないと思いますが、三すくみという言葉がでてきたのは、これと同じような関係を持ったものが世の中にはほかにもいっぱいあるからですね。ものは違うけれども、このタイプの関係は至るところにあらわれてくる。

これはほんとうかどうか知りませんが、蛇と蛙となめくじは三すくみの関係、これも結構です(図16)。こういうものを「同型」といいます。さっきの建物の例に返りますと、ものは全然違うけれども、設計が全部同じもの、集団住宅などはそうなっている。ものは違うけれども建物の型は同じである。

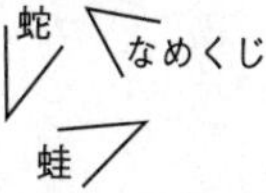

図　16

図　17

あるいはもっとほかにいうと、昔私たち

がやっためんこにはあるのです。庄屋、鉄砲、狐というのがある（図17）。これを三すくみというのです。昔は庄屋が鉄砲を取り締まって、鉄砲を持っていると取り上げることができる。だから庄屋が強い。鉄砲は狐を撃つ。狐は庄屋をだます。これもみんな構造であって、しかも同型です。

要するに相互関係のパターンが同じである。パターンという言葉を使うとよくわかると思いますが、つまり人間は三すくみという言葉を、常に一つの誰でも知っている言葉として使っている。こういうのがほかにもいっぱいでてくる。たとえば六大学野球の結果はどうなっているか。今年はどうなったか知りませんが、慶応と早稲田と明治が三すくみになったという関係は幾らでも起こるわけです。あれは三すくみだということをいえばすぐわかる。

人間の思考の中には、ものは違うけれどもパターンが同じだということを見分ける力があります。だから三すくみという思考方法といいますか、そういうパターンが有効になります。人間はそういうものをとらえる能力がある。これは構造として同じである、つまり同型であるというわけです。ものは違うが相互関係のパターンの同じものというのが至るところにある。それが実は数学という学問を人間が考えだしたもとになっている。だから構造という概念がたいへん大事であるということなわけです。

もう少し例をあげてみましょう。三すくみばかりが決して構造ではありませんし、また数学者がこんな簡単なものを研究しているわけでもない。ただわかりやすく説明するためです。

たとえば血液型——最近は非常に多くなっているそうですが、われわれが知っているのは四つあります。{O, A, B, AB}、血液型は幾つあるかといえば、OとAとBとABであると答えれば満点なわけです。しかしこれも単なる四つあるだけではなくて相互に関係がある。つまりどの型からどの型へ輸血可能であるかということまで考えると相互関係は出てくる。上にあるのが下へ輸血できるというふうに図を書いてみると、図18のようになる。これもまた一つの構造であるのです。

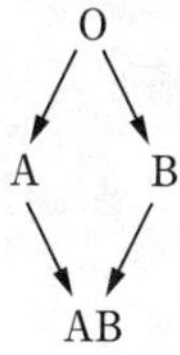

図　18

ところがものは全然違うけれども、相互関係のパターンの同じものというのはほかにもまだある。たとえば6という整数がありまして、これの約数は幾つあるか。6={1, 2, 3, 6}、四つあるのです。ただこの数の間には割り切れる、割り切れないという相互関係がある。上のやつが下のやつを割り切るという図を書いてみると図19のようになる。

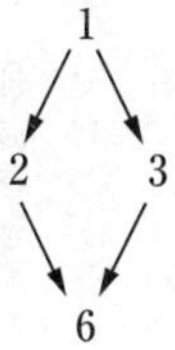

図　19

1は2を割り切る。2は6を割り切る。

3は6を割り切るというのが約数です。これを見ると、まるでものが違いますが、相互関係の型は同じ、つまり同型である。こういうのも一つの構造です。

もう一つぐらい例をあげてみます。日本の四国の県はもちろん香川、愛媛、徳島、高知と四つあります（図20）。四国の県をあげなさいといえば、香川、愛媛、徳島、高知といえばいいわけです。この限りにおいてはこれは集合にすぎない。相互の関係は何も考えていない。ところがこれの地理学的な配置を問題にしてどの県とどの県は境を接しているかどうかということを問題にしてみると、相互関係がでてくる。愛媛と徳島が境を接していて、香川と高知は接していない。お互いに境を接しているという関係まで考えると、もはや一つの構造になる。こういう配置になっているところ、四つの県を持ち出してこれと同じ型になっているところは日本のほかのところに幾らでもあります。九州の鹿児島、熊本、宮崎、大分というのはちょうどこんな配列になっています。境を接しているという関係に着目すれば同型です。

図　20

ところが四つの県でも、ただ四つは同じであっても、境の接し方のタイプの違うものはほかに幾らでもある。たとえば北陸の四県はずっと一直線に並んでいる。これは同型ではない。つまり四国型ではないわけです――四国型という言葉を使っていいかどうかわかりませんけれども、これも一つの構造であって、同型のばあいと同型でないばあいとがある。

つまり人間にはそういういろいろなパターンを頭の中へ持っていって、そのパターンに照らし合わせて考えていくという能力があります。そのパターンのことを大体構造と呼んでいるのです。だから構造は人間の思考の一つの側面をかなりよく代表しているものだと思うのです。

構造の科学

さっきいった数学という学問の特徴は、たとえば三すくみの例を三つあげましたが、石、紙、鋏はどういうものであるか、一つ一つのものの性質を研究するのは数学の任務ではなくて、もののほうは一応棚上げにして、相互関係のタイプに重点を置いて研究するのが数学だ。そういう意味で数学を「構造の科学」と規定することができる。いろいろな構造が数学という学問の中にストックされている。世の中がだんだん進歩するにつれて、そのストックはふえていっている。数学者は職務上いろいろな構造あるいはそういったパターンを知っている。だから専門家になる。しかし数学者でない人も相当たくさんのパターンを知っているはずである。それでいろいろな現実の問題を処理している。だから数学は構造の科学というふうにいうと、たいへんその性格がはっきりしてくる。数学は名前によりますと、数の学となっています。ところがそれはちょっと違うのです。数学というのは数の計算をやる計算術だというふうに誤解されやすいのですが、特に現代の数学は、数の研究もやりますけれども、それは一部分であって、むしろ構造の研究が主である。

実は数学は、昔皆さんが小学校、中学校でおやりになった数学でも、ある意味では構造をやっていたのです。たとえば2＋3＝5という計算をやったときに、この2というのはミカン二つとミカン三つを足したらミカンが五つになったということも代表している。それからリンゴ二つでもよろしい。人間でもいい。何でも使える。つまりものは違うけれども構造は同じなんだ。その同じものを全部代表したのが2＋3＝5だ、こう考えれば、数学は実は昔から構造をやっていたといえないことはありません。しかしその構造が数であらわされるような構造を主としてやっていた。だから数の学問といっても間違いではなかった。しかし最近では必ずしも数であらわされないような関係も研究の中に入れてきた。

構造の科学、つまりストルクトゥール・ヴィッセンシャフト(Strukturwissenschaft)という言葉はドイツ人が——ドイツ人は新しい言葉をつくるのが好きですから——使っておりました。これは数学というよりはその性格がよくわかるのですね。大学の数学科というのは理学部にあります。つまり自然科学を主として研究する学部の中にあるのですが、いままではそれでも大体よかった。つまり数学のやっていることが主として自然現象に関係しておった。ところが最近では、数学が社会現象の中に幾らでも関係する。つまりパターンが同じ現象が社会現象の中にあらわれてくれば、幾らでも社会現象にも使えるわけです。

これは一つの例で、専門家でないからあまり自信をもって申し上げられませんけれども、大体こういうことがいえるそうです。ある二つの都市がある。ここにAという

都市とBという都市がある（図21）。AからBへ行くトラック、汽車あるいは全部の交通量は——Aの人口をm_1、Bの人口をm_2とし、AB間の距離をrとします——そうすると人口の積に比例し、そして距離の二乗に反比例する。

$$\frac{km_1m_2}{r^2}$$　（kは定数）

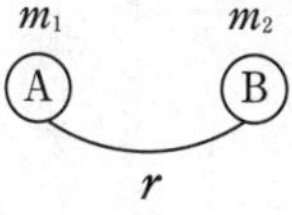

図　21

これに非常に近い法則があるのだそうです。これはさっきいった社会現象に数学を応用していろいろ経験的にやってみると、大体こういうふうになっているのだそうです。もちろん大まかにいっての話です。いかにもありそうです。大きな都市ほどそこに入ってくるいろいろな物資や人間の数は大きくなってくる。都市の大きさに比例するということはいかにもほんとうです。距離が遠くなれば交通量は減ってくるでしょう。大体それが二乗に反比例する、こういう法則です。これは社会現象の中にある一つの法則ですがこれと同じ法則が万有引力にもあるのです。二つの物体が引き合う力は、その二つの物体の質量の積に比例して距離の二乗に反比例する。だからその法則のタイプは万有引力にもあるし、都市の交通量にもある。一方は自然現象、一方は社会現象。万有引力のほうで研究しておけば、そっくりそのまま社会現象に使える。こうなってくると数学は自然科学とはいえないのです。同じ構造を持ったものが出てくれば何にでも使える。だから数学は自然科学とか社会科学とかいう分け方ではなくて「構造の科学」といったほうが性格をよくあらわしている。

　しかし構造というものをたいへん広く考えてみますと、ほかにもいっぱいあると思うのです。たとえば音楽の楽譜ですが、これだってある意味では構造ではドレミファというものが一定の順序で並んでいる。単なるドレミファの集まりではなくて、それが構造を持って配列されているわけですから、これも一種の構造であるといえないことはない。あるいは絵だって、いろいろな色彩が単に雑然と並んでいるわけじゃなくて、一定の構造を持って配列されている。だから、絵かきはそういう色彩の構造を実際つくっているわけです。作曲家は音の構造をつくっているとはいえないことはない。あるいは碁の名人は碁石の構造をつくっているとはいえないこともない。そういった非常に広く解釈すると、人間の創造的活動は必ず何かの構造に関係がある。新しい構造をつくりだすのがある意味で創造力かもしれない。建物も構造のいい例であるとするならば、建築の設計家は新しい構造をつくりだすという創造力を持っていることになります。そういうように非常に広く解釈すると、構造というものは至るところに出てくる。

ところが、あまり一般化してしまうと、何でもかんでも数学になってしまう、あまり広げてしまうと数学者は作曲もしなければならないし、絵もかかなければならないということになって、これはたいへん具合が悪い。そこで一応ふろしきを広げておいてから、今度はつぼめないといけない。数学という学問が研究する構造というものをある程度限定しようというのです。

そこで大体構造というものを三種類に限定したのです。位相的構造、代数的構造、順序構造、こういう三種類についてざっとお話ししてみたいと思います。

位相的構造

位相的構造というのは集合というものがもとになるわけです。何かのものの集まり、その間に何らかの相互関係が入っているわけですが、その相互関係が簡単にいえば遠い近いの関係を持っている。二つのものが遠いか近いかという規定がしてある。この位相的構造の一番いい例は、われわれの住んでいる空間は点の集まりだと考えますと、点と点の間の距離というものがちゃんと定まっています。この点とこの点は近いが、この点とこの点は遠いという判定がちゃんとつけられるようになっている。われわれの住んでいる空間というものは位相構造の非常にいい例で、われわれはそれをよく知っています。こういうものがわれわれの頭の中へ入っているから、われわれは非常に敏速にいろいろな行動ができるわけです。方向オンチというのは大体位相構造があまり頭の中へはっきり入っていない人ではないか。だから自分がいまどこにいるかよくわからない。道に迷ってしまう。人に道を教えるのがうまい人は位相構造がわりあいはっきり入っている。だからあまり迷わない。ところがそれが入っていないと、どこか横丁を通りすぎたりなにかしてもおかしいということがわからないから、どんどん行き過ぎてしまう。たとえば東京に住んでいる者は大体東京の位相構造は頭に入っている。だからあまり考えないでも、国電にどう乗ったらどう行けるかなどということは、そう間違わない。たまに東京に出ていらっしゃる方は、それが入らないから間違うわけです。頭の中にはやはりそういった位相構造が入っているわけです。

われわれの住んでいる空間は確かに位相構造のたいへんあざやかな例ですけれども、必ずしもそればかりではない。たとえば二点間の距離というのは、空間的な二点間の距離と考えてもいいし、また別種類の広い意味の距離だって考えられる。すなわち二点、Aという地点からBという地点へ移れる時間を距離と考えたっていいわけです。たとえば新幹線みたいなものができると、東京と大阪は非常に距離が近くなる。東京の近郊どうしはあまり交通が便利ではありませんから、案外遠いかもしれない。一つの県でもずいぶん交通不便で何時間とかかるところもありますから、これは時間という点から考えると、また位相構造が少し変わってくるわけです。あるいはA地点からB地点へ移る交通費を距離と考えてもいいかもしれない。そうするとまた違ってくる。考え方によっていろいろな位相構造が考えられるわけです。あるいは空間とは関係がなくて、たとえば日本人全体を考えたときにそれの血縁関係を考えてみると、その人が住んでいる場所とは無関係に、北海道と九州に住んでいる人が親子であったりする

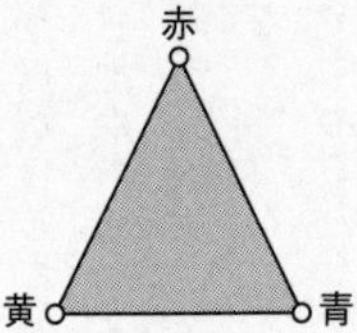

図　22

わけです。そうすると血縁関係は非常に近い。隣に住んでいる人だって、全然関係のない人がいっぱいいるわけですから、血縁関係という点からいうと遠いのです。われわれは決して空間だけでなく、相互関係の近い遠いということも、広い意味の位相構造の中に入れて考える。人間というのは大体においていろいろなものを遠い近いという関係に翻訳して理解するくせがあります。遠い近いというのは本来が空間的な距離に当てはめられるのですけれども、血縁が近いとか遠いとかいいますが、すでにある意味では空間に翻訳して考えている証拠だと思うのです。

もう一つの例をあげてみますと、専門家でないからわかりませんが、色彩空間（colour space）というものがある。これはどういうのかというと大体三角形です（図22参照）。この三角形の各頂点に純粋な赤と黄色と青と配置して、だんだんこれから青と赤のまざり具合によってできてくる色を連続的に配置しておく。赤と黄色の間には橙色みたいのが出てくる。青と赤の間には紫色が出てくる。青と黄の間には緑が出てくる。こういう一つ一つの色を三角形の各点であらわしている。こうするとこれも一つの位相構造です。つまり色が似ているか似てないかということを距離に翻訳したものです。これが色彩空間といわれている。こういうのも位相構造です。実際こんなものがあるわけではないですが、こういうふうに図形であらわしてみると、たいへん理解しやすくなる。人間というのはさっきいったいろいろな関係を遠い近い関係に翻訳する非常に根強い傾向がある。それを一まとめにしたものが位相構造、だといってもいいでしょう。

代数的構造

代数的構造というのは、皆さんが代数をおやりになったのを思い起こしていただければいいと思いますが、{1, 2, 3, ……}こういう正の整数あるいは自然数ともいいますが、集合がある。これは無限個あります。単なる集合だけでなくて、足し算というものでこのかってな二つを足せば、たとえば1＋5＝6というように、二つ選んできて足し算でくっつけると6という数がつくり出される。こういうふうに二つを結合して新しく6というものがつくり出されると考えますと、この間に一つの相互関係が規定されてくる。任意の二つを持ってきて足し算でくっつけると第三のものがでてくる、明らかに相互の関係がでてくる、こういう相互関係を持ったものを代数的構造といいます。これもその一種です。もちろんこんな簡単なものばかりやっているわけではありません。これも一つの例です。
あるいは最近コンピュータが盛んにでてきて、コンピュータの原理になっているものの一つに記号論理学というのがあります。これは普通の論理学と違っておるわけではないですけれども、記号を使っていろいろな推論を機械的にやろうというのです。普通の論理学と違った結論を出すようなことはないわけですけれども、記号を使うと非常に錯雑した推論が計算によって正確に誤りなくできる。これの最初のアイデアを考え出したのは、ライプニッツです。ヨーロッパの哲学史には必ずでてくる人ですが、ライプニッツが記号論理学の基礎をつくった。基礎をつくったけれども完成はしなかった。これはいわゆる論理的な推論を代数の計算と同じような式の計算によってやる。それを機械にやらせているのがいまのコンピュータです。

　これはなぜ代数的構造かといいますと、たとえば集合として命題の集合を考える。命題というのは主語と述語を兼ね備えた何らかの判断をあらわすものをいう。「犬」というのは命題ではない。「犬が走っている」というのは命題である。主語と述語がそろっているから何らかの主張をしているわけです。ほんとうか嘘かということをここでは問わない。だから太陽が西から出るというのも命題には違いない。ただそれが嘘であるだけだ。ばあいによってはほんとうになるかもしれない。一つ一つの命題をかりにABCという記号であらわす。この二つの命題をちょうど代数の足し算や掛け算と同じように and でつなぐ、両方成り立つというわけです。いろいろな記号がありますけれども、下へ開いているかぎ$A \wedge B$であらわす。もう一つは or でAになるかBになるか、これは上に開いている記号$A \vee B$であらわします。AとBであらわすと、ここにまた新しい命題ができる。少し長いのですけれども、「今日は雨が降る」「今日は風が吹く」という二つの命題を and でくっつけると、「今日は雨が降り、かつ風が吹く」。or のほうは「今日は雨が降るか、風が吹くか」、これも長くなりますけれども、複合命題になるわけです。そうすると二つのものをくっつけて第三のものが生みだされるという意味で一つの代数的構造になるわけです。

記号論理学は and と or ともう一つ否定の not です。いろいろな記号がありますが、上へ棒を引っぱったのを否定命題。Aが「今日は雨が降る」という命題であったら$\bar{A}$は「今日は雨が降らない」。これを二度否定すれば$\bar{\bar{A}} = A$でもとと同じになる。and のほうは普通の数の掛け算によく似ている。似ているというだけで同じではありません。or のほうは足し算に非常によく似ている。否定のほうはマイナスAによく似ている。似ているというだけです。たとえばマイナスを二回とればもとに戻るでしょう。二重の否定は肯定と同じだ。ここで and, or, not という三つのもので命題を関係づけるわけです。ちょうど足し算と掛け算等で一つの代数ができるのと同じように、命題を計算の対象にすることができる。だから昔はこれを論理代数ともいったのです。最近は記号論理学あるいは数理論理学ともいいます。普通の論理学と違うわけではありませんが、要するに記号という手段を使う、そこが違う。こういうものを使いますと非常に錯雑したものが誤りなく行なわれる。

たとえばこれがなぜコンピュータに使われるかといいますと、A∧B、and のほうは電気の回路をつくるときには直列につなぐことに相当する。シリーズにつなぐといいます。ここにAというオンとオフにできるスイッチがある。これとBというスイッチを直列する（図23参照）。それから or のほうはパラレル、並列につなぐといいます（図24参照）。なぜかといいますと、「今日は雨が降る」「今日は風が吹く」という命題、二つを and で置くと、これがほんとうになるためには両方ほんとうでないと困るわけです。雨が降って、かつ風が吹かないとほんとうじゃない。ちょうどほんとうか嘘かというのを、図23のスイッチのほうではオンとオフに対応させる。オンのときはほんとう、オフのときは嘘。図23で電気が流れるためには、両方オンでないと困るわけです。どこかオフだと切れてしまいます。ちょうど、回路をつなぐときには、直列につなぐことにこれが相当する。図24は並列につなぐことに相当する。なぜかというと、

「今日は雨が降るか、風が吹くか」という命題は、一方がほんとうならばほんとうなんですね。だからこのスイッチのほうで考えますと、一方はオフであっても、一方がオンなら、電気が通るのをほんとうだというふうに考えますと、電気は通ります。だから計算機とか、あるいは非常に複雑な電気回路を設計するのに、記号論理学が使われるわけです。

たとえば、エレベーターみたいに非常に複雑な回路、ここの一階を押すと電気が流れて、ちょうどエレベーターが一階にとまるようになっている、あるいは戸が開く。非常に複雑な機能を持っているわけですが、そのときに中の電線をどうやってつないだらいいかということは、なれた人でもなかなかできない。非常に簡単な、よく二階屋ではしご段のところの電灯を二つのスイッチでやるのは、どんなふうに電線をつないであるかなどということは、普通の電気屋さんでも知っているでしょうが、エレベーターのような複雑な働きをするものを、このボタンを押したらこうなるようにうまい具合に線をつながなければいけない。それがもう複雑すぎて手に負えないわけです。ところがち

and

A∧B

図　23

or

A∨B

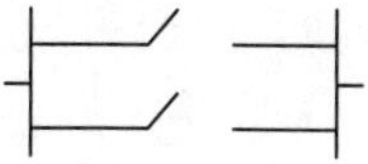

図　24

ょうど記号論理学で計算した結果、式がでてくると、それを翻訳すると、ここのスイッチとこのスイッチはシリーズでつなげばいい。これはパラレルにつなげばいいということがわかる。そういうところに使います。コンピュータなんかをつくるのにそういうのが使われている。

あるいは最近ではよく議論がでているようですが、国会の投票を机の下にあるスイッチでやろう。各議員さんのところから電線がでているわけですが、それをうまい具合にやると、たとえば賛成が多かったときには青ランプがつく、反対が多かったら赤ランプがつくように、この線を——四百何人ですかのスイッチをいかに結び合わしたらいいか、これももちろん計算すればできる。そういう誰が投票したかわからないようにやるには、これでやるとできます。こんなものを普通でやるとたいへんなんですけれども、記号論理学の計算によりますとたいへん楽にできる。非常に複雑な電気の器具などはこういうのを使っているわけです。たとえばエレベーターなんかでも、エレベーターが三つ並んでいるのがうまい具合に各階にちょうど同じ具合にいくのもできるわけです。

余談ですけれども、エレベーターのそういう設計は日本が一番進んでいるのだそうです。つまりそういう連動式になっているのもある。というのは日本人が非常にせっかちだから、なかなか悠然と待っていないで、ちょっとエレベーターがこないとすぐ癇癪《かんしゃく》を起こす国民性があるから、そういうのが発達したのだそうです。

　つまり論理学というのは全く頭の中だけの思考だと思っていたのが、あにはからんや電気の回路に使われる。非常に現実的なものに使われるということは、もとをただせば何かというと、論理学の中の and, or がそっくり直列と並列というものと同型になるから、同型ということが使われているわけです。この同型ということでまるで違ったものが同じ理論で統一できる。こういうことがほかのところでもたくさん行なわれるわけです。これをよく工学では、シミュレーション（Simulation）といいます。結局二つの違ったものの中に同じ型の法則が成り立つことを見つけ出せば、片っ方のほうはたいへん実現することが困難である、片っ方はたいへん楽であるというばあいに、片っ方で肩がわりをして実験することができる、そういうことは盛んにやられているわけです。

　たとえば飛行機の風洞実験。これは非常に大きな飛行機を設計して、それを飛ばしたときにはいかなる風圧があるか。実際に飛行機そのものをつくって飛ばすことはたいへん危険である。それから金がかかる。そういうかわりにその飛行機のひな形を風洞の中でやって空気を流してそこで風の流れを見てみる。そうすればそんなに大きなものをつくらぬでもいいのだ。つまりひな形実験です。あるいは非常に大きなタンカーをつくりたい。しかし実際につくってみて、ああまずかったというのでは困る。だからそのひな形をプールに浮かして、いろいろな波を起こして、どういう動作をするかというようなことをやってみる。こういうのをシミュレーションといいます。シミュレーションのもとになるのは、法則の型は同じだ、つまり同型だ、あるいは同じ構造を持っているばあいです。あるいは非常に大きなダムをつくりたいけれども、ダムをつくったばあいにその水圧がどういうふうになっているのか。そういう水圧がどういうふうに分布するかということをやるには、ダムのひな形みたいなものをつくって電気を流してやる。電気の流れる法則と水のいろいろな力の配置というものがこれまた同型であるというところからできるのです。そういうことは最近の工学では盛んに行なわれている。シミュレーションの語源はたぶんシミラー(Similar)、相似、ひな形実験とでもいったほうがいい、あるいは模型実験ともいいます。それはやはり違ったものの中に同じパターンの法則があるということを根拠にしているのです。

順序の構造

つぎに簡単に順序構造のことをちょっとお話しておきます。

１、２、３、４という自然数あるいは整数というものは、単なるものの集まりではなくて大小の順序があります。したがってこれはそういう意味では順序構造である。あるいはさっきあげた血液型のああいうのも順序構造と呼びます。ＯとＡとはＯからＡには輸血できるが、ＡからＯへはできませんね。だからそこに一つ順序がついておる。あるいは皆さんの銀行の何々銀行のメンバーをあげろといえば、あいうえお順であげておけば、これは単なる集合です。しかしこれは単なる集合じゃなくて、順序構造でしょう。銀行のばあい頭取が一番命令権があって、それから専務、部長、課長とこうなっている。こういうのが順序構造です。そういった順序の構造というものを第三にあげてある。

　だから数学者が主として研究するのは、この三種類ぐらいにしておこう。あまりふろしきを広げないでおこうということで大体現代数学は——いまあげたような簡単なことをやっているわけではありませんが、大体はこういうようなことをやっている。こうなってきますと、数学というのは計算ばかりやっている——計算もやりますけれども、そうじゃなくてあるいは計算の術だというふうにお考えになるとだいぶ違うのです。だから何かの問題にぶつかったときに、ああこれはこういう構造を持っている。同じ構造が数学の中ですでに研究されておれば、その成果はすぐ使えるわけです。そういう意味で数学は数の学問だという理解よりは「構造の科学」として理解しておくと、いろいろな具体的な問題にぶつかったときに接触面が非常に多くなってくるということはいえると思うのです。

構造という概念は、これだけではなかなかわからないかもしれないが、こういうものが現代数学の中心的な研究課題になってきている。いま挙げたものをやっているというのではありません。もっとこみ入ったものをやる必要があるわけですが、しかし、いま挙げたようなものを構造の例だといってよろしい。

数学はそういうものの研究だということになってくると、おそらくみなさんが数学とはこういう学問であったと、小学校からずっと教えられてきたのとはかなりズレているのではないか。なんだ、そんなものも数学のうちなのか、というふうな意外な感を抱かれるのではないかと思うのです。数学というのは問題があって、きちんと計算して答えを出し、合えばマル、違えばバツをもらうものであった。計算して答えを出すのが数学という学問だった、というふうにお考えかもしれないけれども、実は、それも数学の一部分であるにはちがいないけれども、それよりもっと大事なものは、いわゆる構造を理解する、あるいはもっと広くいって、いろいろな物事を構造的にとらえるということが数学を勉強するいちばん大きな狙いだということになってくると、問題の答えを出すのを少しぐらい間違えたって、構造というものを正しくとらえることができれば零点にしなくてもいいのではないかと思う。そうなると見方がかなり変わってくる。

ところが、この構造的にとらえるということは、数学以外のことをやっている人がさかんにやっていることです。というよりは、人間はみんな構造的にとらえることができる能力を持っている。構造というのは、ことばでいうと物事のパターン、型である。型で考えるということが人間はできるのです。数学は、人間のそういう能力を特に伸ばそうという傾向をもっている。そういう型でとらえるという考え方を系統的に、あるいは体系的に発展させたのが数学だということになれば、数学というのはもっともっと広い、いわゆる数学者でない人にもたいへんかかわり合いの深い学問だということになってくる。さっきいったように、絵を描くこともある意味では構造的にとらえる、あるいは構造をつくり出すし、音楽だってそうです。これは人間の活動の、特に創造的活動にかかわり合いがあるわけです。

構成的方法

こういうことになってくると、今までの数学の四つの時代の特徴は、簡単なことばでいうと、古代は経験的である。そして帰納的である。中世は演繹的である。しかしそれは動的でなくて静的である。近代は動的である。現代はいまいったように構成的である。また構造をつくり出す、こういうふうになってきているといってよろしい。構成的というのでいちばん典型的なものは建築です。建築は、自然にあるものを人間の都合のいいように組立て直してつくるわけです。構成的である。建物というのは自然そのままに放ったらかしてできるものではない。人間が一定の目標を立てて、それにふさわしいようなものを建てるわけだから構成的である。数学そのものがこういうふうに変わってきている。建築家が新しい物を建てると同じように、数学という学問は新しい構造をつくり出すことが可能になってきている。それは必ずしも現実の中にそのままあるとはかぎらないようなものを新しくつくってゆく。

今までの科学そのものの発展がやはりそういうふうになっている。たとえば化学、これは昔は自然に存在するものをそのままどういう組立てになっているかを分析した。水は H_2O であるというように、ありのままに存在しているものを分けていった。ところが化学が次第に発展するにつれて今までになかったものをつくり出す。これはわれわれの身の周りにいっぱいある。合成繊維だとか今の着物はほとんど自然にあったものとは違う。綿とか絹とかではなくて、人間が勝手に合成させてつくったものです。

合成というのは組立てを自然にあるものと変えることです。石炭というのは自然に存在していたけれども、それを水素とか炭素とかに分けて、もう一回都合がいいように再構成したものである。そういうものがいっぱいでてきたのと同じように、数学のばあいにも自然の中には存在しないような構造がいっぱいでてきた。こういうふうに構成的になってきたということは数学ばかりではなくて、あらゆる学問がそうなのです。

もっと典型的なことをいうと人工衛星もそうです。衛星というのは、地球の衛星は月だということで大昔からあったけれども、こんど人間がその衛星をつくり出す。人工衛星はそうです。人工の中にはあんまり良くないものももちろんある。人工甘味料なんかそうです。砂糖よりだいぶ悪い。人工の力がまだ不十分だからでしょう。化学が本当に発展してないからああいうことになる。有毒なものもかなり出ているわけですが、とにかく元素の間の新しい組合わせをつくることによって新しい物質をつくりだすことができるようになった。これと同じことが数学でもたくさんいえてきた。これが近代の数学と考え方が違うところです。

近代の数学は、自然のありのままのものを非常に精密な顕微鏡で見るようなものであった。これが微分積分であった。精巧なカメラ、写真みたいなものである。ところが、現代の数学は必ずしもそうではなくて、もちろん、そういう段階を経ているわけですけれども、科学で新しい組合わせというものができるときには、元素と元素を結びつけている、いろんな力、法則を前もって研究してゆかなければできない。近代の考え方をもとにしているわけですけれども、やっていることはそれよりも、かなり違ってきている。こういう考え方を構成的ということにいたしましょう。

建築に限らず、だいたい工業でやっていることはすべて構成的であるといってよろしい。みなさん、素人の方が数学をわかりにくいと考えられるのは、こういう点にあるのじゃないかと思われる。今まではありのままのものを精密に見ることだったけれども、こんどは構成的になっている。今までになかったものもつくり出す。ま、そういう一つの考え方の転換がでてきた。これは人間の力がだんだん進んでゆくと自然にそうなると思います。いろんな人工物がたくさんでてきたのと、ちょうど歩調を合わせているわけです。

現代数学と芸術と科学

もう少し広いことばでいうと、近代までの数学は、芸術のことばを借りると自然主義、あるいは写実主義等にたいへん近い。ありのままのものを忠実に写しとる写真のようなものである。現代の数学は必ずしもそうではなくて、二十世紀になってでてきたアブストラクトの絵だとか、あるいはシュール・リアリズムのような傾向をかなり持っている。現実から離れてはいないけれども写真ではない。ピカソの絵なんていうのは顔が二つだぶっているようなものもでてきている。あれは写真ではない。つまり絵というものに対する見方が違ってきている。昔は自然を忠実に写し取ることだったけれども、二十世紀になると必ずしもそうではない。

現実とは離れていないけれども、現実のある側面を極端に誇張したようなものがでてきている。それとたいへんよく似ている。さっきもいったように、ヒルベルトの幾何学基礎論から始まって、現代の数学のそういう考え方、つまり構造みたいな考え方がでてきた。ちょうど同じ時期に絵の中にアブストラクトの絵とか、あるいはシュール・リアリズムみたいなのがでてきたのではないか。その点たいへん似ていると思う。しかし、その間に関係があったかどうかはわからない。それはぼくも専門家に聞かないとわからないのですけれども、同じ時期にそういう考え方が出てきたということはたいへんおもしろい。

構造という考え方は、おそらく数学の中で歴史的にはいちばん早くでてきた。しかし、最近になって、数学の考え方がいろんな方面に伝染したというのか、ひろがって行っている。最近では構造主義という一つのものの考え方がいろんな方面にできている。心理学とか言語学とか文化人類学、こういったようなところへ構造という考え方がたくさんひろがってきつつある。そういうように、これは数学だけではなくて、もっと広い概念であるということがいえると思うのです。よその分野でどういうふうになっているかということは、とうてい時間がありませんし、また私も専門ではないからあんまり偉そうなことはいわないことにしておきますが、みなさんが興味がおありだったら、そういう方面を研究してごらんになるとたいへんおもしろいと思います。ただ、構造というのは二十世紀になってでてきた考えですが、この考えが万能であるか、数学は構造の科学であると簡単にいっていいのかということになると、また躊躇せざるをえない。

動的体系

さっき、構造という考え方を最もよく表わすのに構造を建物にたとえた。建物というのは少なくともいったん建てたら動かない建前になっている。建物がいろんなふうに動くということは今のところは考えられない。それは動くことを予想していない。建物は動的ではなくて、やはり静的である。いったん建物ができたら動くことは考えていない。最近はくるくる回転する建物がありますが、ああいうのは例外でしょう。

われわれの住んでいる家もいったん建てたら動かない。

そういう意味で構造という概念は、なんといっても動的ではなくて、静的なわけです。ここにやはり構造という概念の持っている限界があるわけです。構造というものでいろんなものを見ると、どうしても静的な面だけがでてきて動的な面がだんだん影がうすくなってくるおそれは十分にある。

たとえば構造を持っていて、しかも、その構造が常に変化しているようなものがある。これは生物の身体がそうだと思うんです。生物の身体は実に複雑な構造を持っている。これは単なる細胞が雑然と集まっている集合ではない。それが実に複雑な相互関係で結びつけられている。生物の身体ほど複雑な構造を持っているものはない。しかも、それは常に変化している。人間のばあいには、生まれたり成長したり、あるいは死んだりしている。昆虫の身体は変態もする。常に変化している。

つまり本来の構造というのは動かない。空間的ではあるけれども時間的ではない。ところが、実際のものは構造を持っていて変化する。つまり時間的に変化する。だから構造ということだけを考えてゆくと、どうしても空間的な面だけが強調されて、時間的な面がおろそかにされるという傾向は十分にあるわけです。

建物を理解するのには都合がいいが、生物の現象を理解するのにはどうしても片輪になる。生物は変化している。こういった点でやはり空間的であって時間的なような、両方を兼ねているような概念が新しく生まれてくる必要があるのではないか。そうしないと動的な面がどうしてもおろそかになる。

群

そういう考え方をある程度満たしているようなものとして群という概念があります。この群という概念は現代になってでてきたのではなくて、もう少し前です。十九世紀の初めごろ。この群という概念を使って非常にめざましい成果をあげた人はガロア(一八一一—一八三二)という人です。

ガロアというのは、近頃たいへん有名になって、『ガロアの生涯——神々の愛でし人』という伝記が最近再版され、ずいぶんたくさん読まれたと思います。これは一八一一年に生まれ一八三二年に死んでいますから二十歳で死んでいる。彼は群という考えを数学の中へ持ちこんでたいへんめざましい成果をあげた。しかし、ガロアの伝記の中にはガロアがやった数学的な説明はあまりされていない。たいへん残念なことである。偉い数学者というだけで、どんなことをやったか、あんまり説明していない。説明しにくいのかもしれないけれども、この点がたいへんものたりなかった。

ではいったいどういうことをやったか。群とは何なのか。群とは、ある意味で、さっきいった代数的構造の一種である。あるいは代数的構造の中の最も典型的なものだといってもいいかもしれない。しかし、それだけではあまりわからない。

群というのは何らかの操作の集まり。操作というのはオペレーションとでもいいますか、何らかの手続き。たとえば例をあげますと、われわれが上衣を脱ぐ、あるいは上衣を着る。これは一つの操作である。上衣を着るという操作が一つだと、それの逆の操作が上衣を脱ぐという操作である。レイン・コートを着るという操作がまた別にあると、レイン・コートを脱ぐという操作はそれの逆の操作である。だから、ある操作と、その逆の操作を続けておこなうと何もしなかったのと同じになる。当然ですね。東京から大阪へ行くという操作と、大阪から東京へくるという操作は逆の操作である。それから二つの操作を連結する、つないでやる。たとえば、上衣を着るという操作と、レイン・コートを着るという操作を二つつなぐと、上衣とレイン・コートを重ねて一度に着ているのと同じ操作になってくる。

右へ一メートルだけ移動するという操作と、右へ二メートル移動するという操作を二つつなぐと、右へ三メートル移動したのと同じになる。これを操作をつなぐといいます。

こういうことがお互いにできるような操作の集まりを群という。必ずその群の中には逆の操作が含まれている。この操作の集まりということは出し抜けにいわれるとわりにわかりにくいのですけれども、ある程度わかれば大したことではありません。そういった操作の集まり。たとえばテレビのダイヤルがかりに12だけあるとすると、このダイヤルを右に2だけ回すという操作、1だけ回すという操作、2だけ回す、3だけ回す、12回すのは何もしないのと同じだから。これは0だけ回す。

結局、操作の集まりが12あるわけです。2だけ右に回すやつの逆は左へ2だけ回すこと。12の操作の集まり。これを二つくっつけて、2だけ右へ回すのと3だけ右へ回すのをくっつければ5だけ右へ回すことになる。

つまり、二つの操作を結合して第三の操作が出てくるから代数的構造である。二つを組合わせて第三のものが出てくる。こういう操作というものを考えることによって数学の中にたいへん大事な方法が見つかったわけです。

解剖法と打診法

これは簡単にいうと、何かの構造を知るためにそれを動かしてみる。ある操作でそれを変化させてみる。そうして、どう変化するかを見て、そのものの構造を知るというやり方です。簡単な例を挙げると、八百屋さんに西瓜《すいか》がある。中がよく熟しているかどうかというのをみるのに、素人がやるならば割ってみるのがいちばんよろしい。割ってみれば簡単にわかる。馴れた八百屋さんは、そんなことはしないで、西瓜を外から叩いてみる。西瓜を振動させて、そこから出てくる音で打診するわけです。西瓜を割ってみる方法を解剖法とかりにいうとすれば、叩いてみるのは打診法です。人間は打診によって、中をみないでもいろんなものの構造がよくわかる方法をいろんなところで知っているわけです。お医者さんが患者のお腹がどうなっているかをみるのに打診をする。うまいお医者さんは打診するだけでたいていわかる。これがいちいち解剖しなければならないのでは大変だ。カゼを引いてお医者さんに行ったら、じゃお腹を切ってみましょう、とやられたのではかなわない。解剖がやれないときは打診する。ちょうど群論は打診法に当たるわけです。ものをある操作でもって動かしてみる。その動き方でその構造を知る、こういうやり方がでてきた。

　あるいは地面の下の地質の構造がどうなっているのかを知るのに、最近では人工地震を起こして、その地震の波の伝わり方で地質を逆に判定する。これなんかまさに西瓜を叩いてみて中を知るというのと似た考えです。群論はだいたい、そういう考えです。

この考え方をガロアは代数方程式を解くのに適用した。そして完全にこの問題を解いた。代数方程式は、みなさんが中学で二次方程式までやった。二次方程式のつぎには三次方程式が必要になる。つぎは四次方程式。四次方程式まではいちおう解けた。五次方程式になるとどうしてもうまくゆかない。たし算、ひき算、掛算、割算と混合を使って解く。何乗根という。これでやってみようと思ってもどうしてもできない。そこで、これはいくらやってもできないんじゃないかという疑問が起こってきた。そういう問題に対してガロアは、この群の考えを使って、五次方程式以上は、たし算、ひき算、掛算、割算、それから根号の有限回組合わせではどうしても解けないということを証明した。そういうやり方で解けるためにはどんな条件がなければならないかということも出した。五次方程式はその条件に当てはまらないのです。これで群論というものがこんなに威力があるということが初めてわかった。

そして、この群論の考え方がほかの部分にたくさん使われるようになった。だいぶあとになって幾何学の研究に使われるようになった。これは図形をやはり変化させてみる。動かしたり伸ばしたり縮めたりすることによって図形の性質を知ろうというわけです。結局、動かして知ろうというわけです。

あるいは最近では、物理学の原子の中のいろいろな状態を知るためにやはり群論を使ってうまく成功するのです。群論というのが何らかの構造を知るためのたいへん強力な手段になった。この群論というのは、ある意味では静的ではなくて動的な方法です、動かしてみるのですから。

あるいはこの群論というのが最近では、実際に使っている模様、建築の組立てつまり建築も一つの構造ですが、この構造を研究するとか、あるいは壁紙の模様をつくってゆくとか、あるいは着物の模様をつくるとか、こういったものにたいへんうまく使われています。つまり図25のような模様があります。模様といっても写実模様ではなく幾何学模様のことです。これは同じ部分が何回もくり返すわけです。この模様全体を左でも右でも移動することによって模様全体は変わらないのです。あるいは、線に対して完全におり返しても変わらない。しかし、ある線についており返すと変わっ

図　25

てくる。どういう動かし方をしたら変わらないかというようなことから、模様をいろんないくつかのタイプに分けることができる。だいたい、こういうのは十七種類あるということになっていますが、そういうものがわかると一部分だけ書けば、あとはそれを動かしてひとりでに全部ができちゃう。こういったことが群論を使うことによってたいへん見通しよく処理できるのです。

こういう模様の構造の研究に群論を使うということが、わりあい最近になって――最近といっても五十年ぐらいにはなるでしょうが――使われていく。デザイナーにも群論がたいへん必要になってきております。十年以上前ですが、ぼくはあるデザイナーの若い人のグループに行って、二、三回、群論の講義をしたことがあります。その中には、そのころは駆け出しだったけれども、今では有名なデザイナーがたくさんいます。群論が何かの役に立ったのではないかと思う。要するに、模様は一つの構造である。それを動かしてみることによって性質を知ろう、やっぱりそういう考えです。

群論がこういうところへ使われているということを知りたい方には、紀伊國屋で出したヴァイル Weyl, Hermann（一八八五―一九五五）『シンメトリー』という本があるので、興味のある方は読んでごらんになるといい。十何年前に私が翻訳したんですけれども、最近になって再版を出しております。これは絵だとか模様といったものの中にある群論がどう使われているかということをわかりやすく説明してあります。

群の話をくわしくやると、それだけで二時間でも三時間でもたってしまいますが、群というのは構造を動かすことによって知ろうという打診的な方法である。解剖的な方法ではなくて打診的方法である。それは数学の中でいろんなところへ使われているということがいえると思います。

数学勉強法

現代の数学の特徴をいちおう話したつもりですけれども、なかなか、十分におわかりいただいたかどうかわからないのですけれども、はじめにもいいましたように、現代の数学のほうが近代の数学よりかえってわかりやすい面がある。つまり数学の既成のいろんな知識を知らない人にでもわかる。むしろ、そんなことを知らないほうがよろしいという、つまり常識に数学はだんだん近づいて来たということがいえると思う。だから自分は学校時代にサイン、コサインをよく覚えないで点が悪かったから、おれは数学はだめだと思っている人でも、現代数学のこれだけの考えの中には、サイン、コサインなんか何も使っていないのですから、そんなものは忘れたっていいのです。数学は自分はできなかったということは、実は近代の数学までを学校でやっていたので、仮に学校の点が悪くっても、それはあんまり関係ない。そういうことはいちおうご破算にして現代の数学の勉強をはじめても、結構わかるようにできている。近代までの数学を全部やらなければ現代の数学がわからないということにはなっていない。現代の数学をやるのには、サイン、コサインから二次方程式まで全部勉強してからないと追いつかないと考えるのは間違いであって、そんなものはあとからでもいいのです。本当にやりたければ、そんなものは棚上げして、いきなりとっついてもわかる部分がある。それは数学以外のいろんな領域に使うとたいへん有効であるということもいえると思う。

　さっきいったように、構造という考え方が心理学、言語学、人類学、こういったものにたいへん応用されている。よその人は、数学から学んだのではない、おれたちは自分で考えたんだ、といわれるかもしれないし、あるいはそれが本当かもしれないけれども、数学の側からいうと、あれは数学の構造と同じ考えだということがいえると思う。たいへん応用範囲が広いのです。

　つまり数学は、近代まではだいたいが数の学問でそれがそのまま数学であった。数学という名前は、近代までたいへんふさわしい名前であった。しかし、現代の数学となると、数の学というのは必ずしも当たらない。数も研究しますが、もっと広いものを扱っている。それがいわゆる構造である。だから数学というのはある意味では構造の科学だといっていいかもしれない。そのほうがもっと現代の数学の特徴をよく表わしている。数学という名前そのものが少しばかりふさわしくないものになってきている。数が出てこなければ数学ではないと、だいたい、今まではそうだったけれども、これからはそうではない。構造が出てくれば数学が始まったんだといってもいいくらいです。そういう意味で現代になってから数学はかなり変貌したのです。

もちろん、構造という考えが古代にはなかったか、大昔にはこんなものは全然なかったかというと、それは決してそうではない。見方によっては初めから構造があったんだということがいえないことはない。なぜかというと、$2+3=5$であるということは、みかんを二つと三つたしてもみかんが五つになることや、りんごを二つと三つたしてもりんごが五つになる。あるいは鉛筆を二本と三本たしても鉛筆が五本になるように、いくらでもこういう例があります。実は$2+3=5$というのは、ものは違うけれども計算の型は同型なんだ。その同型なものを代表しているのが$2+3=5$なんだと考えると、構造という概念がすでにあるといってもいいわけです。同型という考えはすでにある。だから大昔から数学は構造の学問であったといえないことはない。しかし、そういう面はたいへん顕著ではなかった。ただ、考えようによってはそう考えてもいい。

変貌するというのはそういう意味で、顔つきは変わってきたが、中身は案外変わってないのかもしれない。だから変貌するということばはわりあいにうまいことばだと思う。これからも数学はまたいろいろ変貌するかもしれないが、案外中身は、いま大事でない概念がいちばん顕著に見えてくるかもしれない。数学は変わるといっても、2たす3が元は5だったのが、だんだんゆくと6になるという意味ではない。ただ、その見方がいろいろ変わってくる。そういう意味であります。

だいたい、古代から現代までの数学の変わりようというものを時間の許すかぎりお話したつもりですが、どのくらい理解していただいたかわかりませんが、数学というものを、おれは数学は苦手だ、数学というものはもうやってもだめだ、というふうにお考えになっているとしたらたいへん間違いであって、数学というのは非常に簡単な学問である。急所さえつかめばたいへん簡単な学問であると、そういうふうにお考えになって、もう一回勉強してみよう。そのためには古いことはいちおう棚上げにして現代の数学からとっついたほうがいいと、そういうふうにお考えになる方が一人でもあったら、たいへん話しがいがあったということになると思います。

連続と不連続

混沌たる連続体を仕切る

数学が嫌いで、学校で教わった数学はあらかた忘れてしまったといいながら、ピタゴラスという人名だけはよく覚えている、という人が多い。この人の名を冠した「ピタゴラスの定理」というのはどんな内容のものであったか忘れてしまったが、ピタゴラスという何か伝説めいた神秘的な雰囲気をもったこの古代人の名は、ふしぎと記憶に残るものらしい。名前そのものが覚えやすいのかもしれない。

ピタゴラスという人は上半身は科学者、下半身は宗教的団体の教祖とでもいうべき人であった。彼はイタリアの南部で教団を設立して、政治的にもおおいに活躍したことがあるが、反対派に襲撃されて潰滅し、彼自身も亡命を余儀なくされたといわれている。

科学者としては「ピタゴラスの定理」はもちろんのこと、三角形の和は二直角に等しいという定理も彼の発見によるものといい伝えられている。

彼はまた音階をつくり出して西洋音楽の開祖となった。伝説によればある日ピタゴラスは鍛冶屋の前を通りかかり、鉄をきたえている音を聞いて、音階に気づいたという。

もともと音の高さは空気の振動数によって定まるものであるが、一般に振動数は無限にあり得る。雑音といわれるものは無数に異なる振動数の音が混合したものである。そのような連続的に分布している振動数のなかから、一定の間隔をへだてて不連続に並んでいる振動数を選びだして音階をつくったのがピタゴラスだったのである。

そして混沌《こんとん》とした連続体のなかに仕切りをして、それを分節化し不連続化するということがはじまったのである。

建築家のル・コルビュジェ Le Corbusier（一八八七―一九六五）はこれについてつぎのように述べている。

「音は連続的な現象であって、低いものから高いものまで断絶することなく続いている。声はその音を発し、それを音節に分けることができる。楽器にも同じくそれをなし得るものがある。たとえば提琴《ていきん》〔バイオリン〕のように、あるいは喇叭《らっぱ》のように。しかし他の楽器ではそれが不可能なものである。それはすでに人為的に組織された人工的な間隔をおいて音を発するようにされているからである。ピアノとか笛などはそれであった」

「いかにして連続した音の現象を区分するか？　いかにしてこの音を誰にでも受け入れられるような規則に従って細分するか？　しかも特にそれが有効なものであること、すなわち柔軟性があり、変化があり、抑揚があり、豊かな、しかも簡単で使いやすくくみしやすいものとするには、どうすればよいか？

ピタゴラスが問題を解いた。確実さと変化を結びつける二つのよりどころ、すなわち一方に人間の耳を――人間の聴覚であって狼や獅子や犬のそれではない――他方に数、換言すれば宇宙の生みの子である数学（数の組み合わせ）をとってであった」『モデュロール』（一九四八年　吉阪隆正訳）。

ル・コルビュジェはそのようにピタゴラスの業績を評価したあとで、視覚の世界の音階ともいうべき彼自身のモデュロール理論を展開するのである。

ソロバンと計算尺

しかし、より考えてみると、混沌たる連続を切断して不連続な仕切りをつくることは、なにもピタゴラスの音階やル・コルビュジェのモデュロールに限ったものではない。われわれの使っている言語そのものが、一種の音階のようなものである。

たとえば、「虹は七色である」というが、虹のスペクトルをよくみると色彩は赤から紫まで連続的にひろがっていて、そのあいだに際立った仕切りがあるわけではない。「赤、橙、黄……」という言葉によって、頭のなかで仕切りをつけているだけのことである。その仕切りのつけ方では、十色にも二十色にもなり得るだろう。

人間は言語をもつことによって、混沌として渦巻き広がっている客観世界に輪郭をつけ、それをモザイクあるいははり絵のようにしてとらえているのである。おそらく言語を持たない動物の眼に映る世界は輪郭のない連続したノッペラボウな風景であろう。

人間にとっても概念の世界は不連続であるが、感覚の世界は連続的であるといえるだろう。そこに恐らく人間の避けることのできない宿命のようなものがあるといえるかもしれない。

感覚の世界に没入していたら、それを分節化することができず、明確にとらえることは不可能であろうし、反対に概念の世界に入りきりになっていたら、不連続な硬直した仕切りのなかで身動きができなくなる。そういう意味で連続と不連続との対立は、永遠に人間につきまとう課題であるといってもよいだろう。

計算機はディジタルとアナログに大別されるが、前者は不連続的で、後者は連続的である。ディジタル計算機の最も単純な実例はソロバンであり、アナログ計算機の手

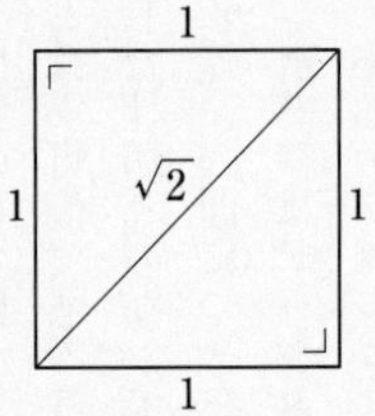

図　26

近な例は計算尺である。

ソロバンは不連続的な玉を動かして計算するのだから、一、二、三、四……という整数の計算に限られる。そのかわりにミスをやらないかぎり、確実な答えがだせる。計算尺は連続的な長さを利用するのだから、どうしても誤差が避けられない。そのかわり答えは速くでる。

ピアノはディジタル的な楽器だし、バイオリンはアナログ的な楽器だといえよう。

連続と不連続との対立や矛盾はむかしから数学者を悩まし続けてきた。

その問題を最初に問題にしたのはやはりピタゴラスであった。より正確にいうとピタゴラスとその弟子たちであった。

彼らは、音階では整数が支配していることから、この整数が宇宙そのものの基本法則であると信じた。そのことから「万物は数である」という原理を打ちたてた。

だから、たとえば直線も点の粒子が数珠状に並んでつくられているものと考えた。

そうなると、二つの直線の長さの比はいつまでも整数と整数の比になっていなければならない。数珠の玉はみな同じだから、その個数（もちろん整数である）が長さを表わすからである。

ところが、彼らにとって困ったことが起こった。それは、二本の直線の長さの比が整数と整数の比に等しくないような実例が発見されたのである。それは正方形の一辺と対角線である。（図26）

これは$\sqrt{2}$で整数／整数という形にはけっしてならないのである。そうなると彼らの発見した「万物は数である」という大原理が崩壊してしまうことになる。このことに驚いたピタゴラスとその弟子たちは厳重な箝口令《かんこうれい》をしいて、外部に漏れることを防いだが、結局は徒労であったといわれている。

原子論が発生した背景

ピタゴラス流の不連続的な原子論はデモクリトスなどによって唱えられ、今日の原子物理学の源流となっている。もちろん古代ギリシャの原子論は今日のように実際によって裏付けられたものではなく、空想的かつ思弁的なものにすぎないが、それでも思考法のタイプとしては今日まで一貫しているといえよう。

古代ギリシャにおいてどうして原子論が発生したか、それはむつかしい問題であって、手軽に答えることはできない。しかし、つぎのような考古学者チャイルドChilde, Vere Gordon（一八九二―一九五七）の説明は納得できるものをもっている。

「そういうわけで青銅器時代の思索は、自然を一つの全体としてとらえていた。それは社会が、神格王に従属するという点で、あきらかに結合された一つの全体であり、また神殿領が神殿経済と神格の領主の利益のため集団的に利用される一つの全体であるのと同じであった。しかし鉄器時代の哲学は、社会が個人にわかれ、都市の領域が個人の保有地、私領にわかれるように、自然をもそれぞれの部分に分解した。イオニアでは、すでにアナクシマンドロス Anaximandros（紀元前六一一—五四六）は、質の差は、「濃化と稀薄化」にもとづいている、すなわち財産の差にもとづく市民の政治上の地位の差異に似ている量の差にすぎないと説いた。最後に、紀元前五〇〇年と四二〇年のあいだに原子論者のレウキッポス（Leukippos 紀元前四四〇頃）（ミレトスの）とデモクリトス Dēmokritos（紀元前四六〇—三七〇）（アブデラの）は、新通貨が財産を不連続の粒子——鋳貨に分解するように、外部の世界をこれ以上分割できない部分あるいは粒子（原子）に分解して説明している。このようにしてかれらは、近代の科学と物理学の諸発見の道具としてのすぐれた役割をはたした原子論を創造したのである」（チャイルド『歴史のあけぼの』岩波書店）

古代ギリシャは鉄器時代にはいっており、自営農民を生み出し、個人の自立を可能にしたことと、鋳貨の使用が不連続な原子論をつくり出すきっかけを与えた、という説明はすこぶる説得力をもっている。もしこれが本当だとするなら、自然科学と社会との関係については慎重に考えなくてはならなくなる。

もちろん、一本の鉄の棒の目方をはかって一〇キロだったら、それはどのような社会でも、たとえば封建社会でも、資本主義社会でも変わりはないだろう。そのような意味でなら、自然科学は社会や人間のあり方とは無関係だといえよう。しかし、自然そのものをどのような立場から、あるいはどのような角度からとらえるか、換言すれば自然観ともいうべきものは、社会と人間とのあり方から深い影響をこうむるといってよい。古代ギリシャ人が価値の原子ともいうべき鋳貨から原子論を思いついたというならば、まさにそういわねばならないだろう。ピタゴラス自身もムネサルコスという黄金細工師の息子であって、鋳貨作製の技師だったという。

いずれにせよ、古代ギリシャに生まれた原子論は、一本の太い棒となって哲学、思想、科学の歴史を貫いているのである。

微分・積分学の誕生

不連続な原子論と対蹠的《たいしょてき》になっているのは連続観である。それはこれ以上分割できない最小の原子は存在せず、物質はいくらでも細かく分割できると主張する立場である。この相反する二つの観点は、ある時ははげしく対立し、闘争し、ある時は融合しながら、あたかも人間の右足と左足のように自然探究を進めてきたのである。大局的にみると、この二つの立場は相補いながら進んできたといえるだろう。

近代科学の夜明けとともに連続観が優位を占める。ガリレオやケプラーによる力学や天文学は、物質の内部構造よりはそれを包みこんでいる外部の空間や時間における物質の運動をまず問題にした。そのころ最大の課題は、太陽系の構造や運動のしかたを究明することであった。

たしかに物質は不可分不連続の原子からできているとしても、空間や時間はそうではなさそうであった。空間が蜜蜂の巣のような微小な細胞に分かれていたり、時間が音楽の一拍のような時間の粒子からできているとはちょっと想像しにくい。

もっともヨーロッパの中世期には時間の粒子が存在すると大真面目に考えていた学者がいたそうである。彼によると、一時間は二万二、五六〇個の「瞬間」から成り立っているというのである。一時間は三、六〇〇秒だから、その瞬間は約六分の一秒に相当する。それはカメラのシャッターとしても遅いほうである。五〇〇分の一秒などには及びもつかないほど長い時間である。

空間や時間が連続的であり無限に細分できるとすると、そのなかでの運動を探究する力学は、手段としてそれにふさわしい数学を必要とした。そのような要求に応じてつくりだされたのがニュートンとライプニッツの微分・積分学であった。

読んで字のごとく、微分は無限に細かく分けることであり、積分は一度細分したものをもう一度積み重ねてもとにもどすことである。数学の言葉でいうと、微分と積分は逆演算、すなわち逆の手続きである。たとえば「はいる」と「でる」、「売る」と「買う」、「昇る」と「降りる」のようなものである。そのことに初めて気づいたニュートンとライプニッツが微分・積分学をつくりだしたのである。

曲線は大局的にみると、もちろん曲がっていることがわかる。しかし曲線の一部分を倍率の高い顕微鏡でみると、まっすぐな直線に近くなってくる。顕微鏡の倍率をしだいに大きくしていくと、ますます直線に近づき、無限大の倍率となったぎりぎりの状態では直線となるだろう。直線はいうまでもなく曲線よりは単純であり、研究しやすい。微分とはおおよそ以上のような発想に基づいている。平たくいえば無限大の倍率をもった顕微鏡で世界をのぞきみることである。もちろんそれは空間ばかりではなく時間もそうである。

無限大の倍率をもった顕微鏡は、一方においては重大な欠陥をもっている。それは視野が無限小になることである。その欠陥を補うためにはそれらをつなぎ合わせてみなければならない。それがまさに積分に相当する。

このような強力な武器を駆使して、ニュートンはガリレオの発見した力学の原理とケプラーの遊星運動の法則を足場にして、太陽系の構造と運動を見事に解明した。それは人類の世界認識の歴史のなかで偉大な一歩を踏み出したことを意味している。それはまさに連続観の勝利でもあった。ニュートン力学のめざましい達成は、その後の二〇〇年ばかりの自然科学を圧倒的に支配したのである。

無限の世界へ

この連続観を打ち破る使命を担ったのが二十世紀初頭に現われた量子論であったが、その量子論の創始者マックス・プランク（一八五八―一九四七）に関して一つのエピソードが伝えられている。プランクが学生時代にある教授を訪ねて、理論物理学を専攻したい、という希望を述べた。するとその教授は、「それはよしたがよい。これから理論物理学をやっても、やることは何も残っていないよ。もう微分方程式を解くだけの仕事だ」と忠告してくれたそうである。このエピソードは、一九世紀の後半では、連続観の支配がいかに絶対的なものであったかを雄弁に物語っている。

しかし科学者の探究の目が物質をとりまく空間や時間から、一転して物質そのものの内部構造に向けられるようになってくると、純粋な連続観はしだいに維持できなくなってきた。物質を細分していくと原子というものにつき当たるということは、実験がのっぴきならぬ証拠をつきつけてくれたので、古代ギリシャ人の原子論のような空想的なものではなくなったし、またその原子が時間の経過に影響されない強固な不変性を保っていることも、原子のなかに何らかの音階的な不連続性が支配しているのではないかと、予想させるものであった。それらの疑問から出発して二十世紀の原子物理学が発足し、短い時間のあいだに爆発的とも形容すべき大飛躍をなしとげた。

　ここでは連続観と不連続的な原子論とは、相反するどころか、むしろ相補い合っているというべきで、電子は粒であると同時に波でもあるというようなジキル・ハイド的性格をもつものとみられるようになった。

　物理学における原子論的不連続観の復活と並行して、数学のなかにも数学的原子論ともいうべきものが復活してきた。

　それは一九世紀の後半に登場したカントル（一八四五―一九一八）の集合論であった。たとえば直線の上には点がのっている。そのことは小学生でもよく知っていることだが、さらに進んで直線は点からできている、もしくは、点が集まって直線になると断定するには、一種のためらいを感ずるだろう。ところが、カントルはこのためらいを踏み越えて、直線は点の集まり——彼はそれを「集合」と名づけた——である、という立場に到達し、そこから既成の数学の再構成を企てた。しかし、その代償としてカントルは「無限」というやっかいな怪物を解き放ってしまったのである。

もし古代のピタゴラスのように点を小さくはあるが有限の大きさをもつ粒子と考えるなら、無限は現われてこない。いくら多くても直線も平面も有限の粒子の集合になってしまうからである。しかしピタゴラス的粒子観は、彼自身の手によって崩壊してしまった。だからカントルの点は当然、大きさのないものでなければならなかった。したがって直線は点の有限個の集まりではなく「無限個」でなければならなくなった。だが、こともなげに「無限個」ということはやさしいが、はたして、われわれが、「三個のミカン」「五人の人間」というように有限個について語るように「無限個の点」について語ることができるのだろうか。

カントルは大胆な一歩を踏み出して、無限の世界の扉を押しあけてみせたが、その世界はまだまだ謎につつまれているし、その謎が近い将来に解きつくされることも期待できないようである。

もともと「無限への渇望」は人類の奥深い衝動の一つであろうから、無限の謎が種切れになることは、絶対にないだろう。

古代ギリシャに始まった連続観と不連続観の対立は姿をかえ、装いをあらたにして、あらゆる時代に登場してきたし、これからも、やはり同じであろう。もちろん、新しい衣をまとった上で、思想の舞台の上に登場してくるにちがいない。

数学の方法

分析——総合の方法

原子論的方法

ほとんど抽象の極点にまでも登りつめたかにみえる、二十世紀の数学が、数学以外の科学や研究領域に何らかの刺激や影響を及ぼし得るであろうか。

一見それは不可能であるかにみえる。数学や文字記号などのような現代の象形文字ともいうべき奇怪な衣裳を身にまとったひどく特異な科学が、生命のない無機物の世界は別として、いやしくも生命をもつ人間の世界と何らかのかかわりを持つことはあり得ない。そう考える人もあろう。

しかし数学が身にまとった象形文字を一つ一つはぎとっていくなら、そのなかには意外にも生きた生命がかくれているかも知れないのである。このことはとくに二十世紀の数学についていえる。なぜなら二十世紀の数学は過去の数学と同方向への連続的発展ばかりではなく、逆方向への転換や連続的上昇の中断をもふくんでいるからである。

二十世紀の数学に新しい出発点を与えたのはゲオルク・カントル（Georg Cantor 一八四五―一九一八）の集合論であった。集合論の特徴が本質的には何であるかについてはいろいろの異論があり得よう。数学に現われる無限の理論に確立する点に集合論の意義をみとめようとする人もあろう。しかし私は当面の目標にふさわしいものとして、集合論のもう一つの特徴である分析的な手法をここでは強調してみたいのである。すべてのものを分解していって、最後の原子にまでいきつく、という考えかたが、いつごろ人間思想の歴史に登場してきたかは、私にはわからない。しかし、この原子論的な思考法を古代のギリシャ人がもっていたことはたしかである。古代ギリシャ以前、もしくは東洋にこのような原子論があったかどうかは、ここでは問題にしないことにしよう。

ギリシャ人がなぜ原子論に到達したかについてはチャイルド（V. G. Childe 一八九二―一九五七）が一つの興味ある仮説をのべていることは前に述べたが、もう一度ここに記してみよう。

「鉄器時代は、じじつ、社会の問題を新しい照明のもとにおいたが、その解決のための手段と方法も以前とはちがっていた。青銅器時代のオリエントの道徳と宇宙論は、神官団体や神殿所領の思索の綜合であった。インドのブラーマン哲学も、神官のカーストによって編み出された。それに反し、鉄器時代のギリシャ哲学は、鉄器道具と鋳貨によって、集団にたいする完全な従属から解放された個人的思索であった。

鉄器時代の哲学——インドでもギリシャでも——では、個人と社会、一と多ということが最初の問題であった。その問題は、旧石器時代の群の社会から最初の呪術師があらわれたとき、すでに水平線上に頭をもたげ、青銅器時代になって、神格王と軍王が個性と〈霊魂〉をうるようになると、ようやく見わけがつく存在となった。しかしそれが十分にはっきりしたのは、海賊の親方、商人の船主、高利貸、僭王《せんおう》たちのあらわれる、鉄器時代の社会においてであった。

そういうわけで、青銅器時代の思索は、自然を一つの全体としてとらえていた。それは社会が、神格王に従属するという点で、あきらかに結合された一つの全体であり、また神殿領が神殿経済と神格の領主の利益のため集団的に利用される一つの全体であるのと同じであった。しかし鉄器時代の哲学は、社会が個人にわかれ、都市の領域の個人の保有地、私領にわかれるように、自然をもそれぞれの部分に分解したイオニアでは、すでにアナクシマンドロス（Anaximandros 紀元前六一一—五四六）は、質の差は、〈濃化と稀薄化〉にもとづいている。すなわち財産の差にもとづく市民の政治上の地位に似ている量の差にすぎないと説いた。最後に、紀元前五〇〇年と四二〇年のあいだに、原子論者のあいだに、原子論者のレゥキッポス（Leukippos 紀元前四四〇頃ミレトスの）とデモクリトス（Dēmokritos 紀元前四六〇―三七〇アブデラの）は、新通貨が不連続の粒子――鋳貨に分解するように、外部の世界をこれ以上分割できない部分、あるいは粒子（原子）に分解して説明している。このようにしてかれらは近代の化学と物理学の諸発見の道具としてのすぐれた役割をはたした原子論を創造したのである」（チャイルド『歴史のあけぼの』）

　おそらくチャイルドのいうように、原子論的思考法がはじめて意識的に組立てられたのは古代ギリシャであったろう。それは化学や物理学に限られていたわけではなく、他のあらゆる部門にも及ぼされていった。アルファベットの発明もある意味では原子論的な思考によるものといってよかろう。複雑な音を音の粒子であるアルファベットに分解するという方法は原子論的であるといってもまちがいではあるまい。だが、数学のすべての原子論的な方法をもっともあざやかな形に展開してみせたのはユークリッド（Eukleidēs 紀元前三〇〇頃）の『原論』である。

　ユークリッドはすべての図形をまず分解する。そしてそれを三角形にまで分解する。

さらに三角形を頂点、辺、角などの最初の原子に分解する。そしてそれらの図形の原子を再構成して複雑な図形を組立てていく。そのような分解—再構成の方法が、みごとに展開されるのが『原論』なのである。もちろん『原論』には分解の過程は省略されていて、再構成の過程、すなわち総合の過程だけが、のべられている。だから、『原論』は「点は部分をもたず、大きさをもたない」という命題からはじまっているのである。

しかしここで忘れてならないのは、原子にまで分解されるのは図形だけではない、ということである。図形に関するもろもろの法則そのものがまた分解の対象となるのである。

これ以上より単純な法則に分解することのできない法則を公理というが、これらの公理のなかにはたとえば「二点をとおる直線は一つあって、一つしかない」というような命題がふくまれているわけである。図形をつくる方法も単純な操作に分解される。それは二点をとおる直線をひく（定木）ことと、任意の点を中心にして任意の半径をもつ円をえがくこと（コンパス）である。この二つの操作をどのようにか組合わせて、与えられた図形をつくることが幾何学のなかでいう作図問題なのである。

以上のようにすべての図形は、原子的で要素的な図形、つまり「素図形」に分けられ、すべての法則は要素的な「素法則」に、また図形をつくる操作は「素操作」に分けられる。その意味で、ユークリッドの方法は分析的であった。そして『原論』は、数学ばかりでなく、学問全体における分析的方法の典型となった。スピノザ（B. de Spinoza 一六三二―一六七七）の『エチカ』には「幾何学的秩序に従って論証されたる」という副題がついているが、もっとも単純な原理から出発するユークリッドの方法を、哲学に適用しようとしたものである。

このように要素的な対象や法則や操作を再構成する総合の過程は進行の方向としては分析の過程とは逆であるが、この二つの過程はもちろん切りはなすことのできないものである。分析なくして総合はないし、また総合を予期しない分析はあり得ないのである。

ユークリッドに始まった分析的な方法をさらに徹底したのが、カントルの集合論であった。集合論はすべての図形を最終の原子である点にまで分解してしまった。直線も平面もすべて点の集まりだと考えられるようになったのである。

その結果として直線上の点や平面上の点のすべてを数える手段が必要になり、「無限の算術」が生まれてこなければならなくなった。つまり集合論は分析という方法をぎりぎりのところまで押し進めていったのである。

構造

しかし、さきにのべたとおり総合を予期しない分析はないのであるが、集合論のばあいにもそれはあてはまる。集合論は考え得られるすべてのものを原子にまで粉砕したが、粉砕された個々の原子はおたがいに何の関係もなく孤立した破片にすぎない。こわれていないガラスのコップでは、コップを構成している個々の断片はおたがいにある種の力で結びつけられており、そのためにガラスは一定の形状を保っている。しかし、そのコップを打ちくだいたとき、個々の断片を結びつけている力はなくなり、断片はおたがいに無関係な物体となる。すなわち打ちくだくことは断片どうしの相互関係、もしくは「構造」（Structure）を打ちこわすことにほかならない。

集合論が打ちくだいた破片を再びつなぎ合わせて、何らかの構造をもった何かの全体をつくり上げる仕事がつぎにやってきた。この仕事に手をつけたのが、ヒルベルト（D. Hilbert 一八六二―一九四三）の公理主義であった。原子の再結合、もしくは総合がつぎの問題となったとき、原子どうしを結びつける法則が問題となる。それら一群の法則を公理系とよぶが、この公理系によって構造の型がきまるのである。ところで構造の型は無数にあるのだから、これにつれて無数の公理系があり得る。

無数にあり得る構造の型を研究しようとするのが二十世紀における位相数学と代数学の新しい任務となったのである。それは同じ型の（isomorphic）構造を一まとめに研究するので、同じ型をもつ異なる体系を一時に考えることができる。英国の数学者ハーディ（G. H. Hardy 一八七七―一九四七）が「数学者は、画家や詩人と同じように、型作り人である」といったが、彼のいったように数学者は型をつくり、型をしらべるのである。

集合論が分析し、公理主義が総合することによって生まれたものはいったい何であろうか。もし始めから与えられたものを分解してそれを元通りにつなぎ合わせるのであったら、われわれの得るものには何一つ新しいものが存在しないだろう。しかし事実はそうではなかった。すでに打ちくだかれた原子を再構成するさいに、もととは異なった結合法をもってくることは可能である。たとえば科学者は自然界に存在する物質をいちど分解し、それを再結合するに当たって、今までになかったような方法によることがある。そのようなとき、自然界には存在しない物質がつくり出されるのである。最近における有機合成はそのようにして今までになかった新しい物質を合成しようと努力している。新しい物質というのは当たらないかも知れない。正確にいうと物質の原子はもとどおりであるが、原子どうしの結合のしかたが変わるのである。正確にいうと人間は物質そのものをつくり出すことはできないのであるが、その結びつきの仕方つまり構造をかえることはできる。

もちろん現代の数学がとりあつかう構造の形は、単に自然界にそのままに存在するものばかりではない。たとえば代数学的な構造である群、環、体、束なども、自然界のなかに素朴に存在しているものばかりではない。束の一種であるブール代数などは外的な世界よりは、考える論理のなかに存在するといったほうがより真実に近いだろう。

それは自然界にあらわに存在する構造のほかに心理や論理の構造をも代表し得るだけの一般性をもっている。

人間の心理や論理のなかに存在する構造といえば、カテゴリーやシェーマなどというものであろうし、ゲシュタルトといわれるものも構造的なものであるといえよう。それらは何らかの持続性をもち、経験を整理し、それを分節化し、系統化するはたらきをもつだろう。精神的な現象はおそらく連合心理学のいうように原子的であり無構造的でもなく、またゲシュタルト心理学のいうように構造そのものが不変ではなさそうである。そのどちらともちがって構造そのものが成長し、変化すると考えたほうが真実に近いだろう。

数概念の発達に関するピアジェ（一八九六―一九八〇）の研究によれば数概念をつくり上げているいくつかの基本的なカテゴリーは五、六歳ごろに形成されるという。つまり数概念のカテゴリーは決して生得のものではなく、成長とともに一定の法則にしたがってつくられていくという。

ピアジェがあげた基本的なカテゴリーは、一対一対応に対する不変性、順序変更に対する不変性、分割に対する不変性である。

第一の不変性は異なる要素からできている二つの集合の要素のあいだに一対一対応が成り立つなら、その二つの集合の個数は等しい、ということであり、いいかえれば、一つ一つの要素をそれぞれ他の一つ一つの要素でおきかえても、個数は変わらないということである。この不変性のカテゴリーが、何歳ごろ子どもの思考のなかで確立されるかをみるため、ピアジェは四歳から七歳ぐらいまでの幼児から種々の場面に対する応答をひき出してみて、そのカテゴリーが六歳ごろに確立されることをつきとめることができたのである。

一対一対応に対する不変性は集合論の基本概念であるが、ピアジェはそのように集合論と児童心理学を結びつけたわけである。

順序変更に対する不変性についてもほぼ同じような実験をおこなって、同じようなくは束の理論と関係をもっているといえる。それらの理論は論理学における特殊――一般等の関係の形式化を出発点としている、という意味で、おおざっぱにいうと関係の理論とよんでもよいだろう。

分割に対する不変性は現代的な測度論の基礎であって、それはとくに加法的な量一般の理論なのである。数学者が今日「加法的」とよんでいる量は古くから「外延的」な量とよばれてきたもので、質量、体積等がそれに当たる。いわばひろがりの量である。これに対して内包量というのは性質の強さを表わす量で、温度、濃度、密度、速度等であって、それらは加法的ではないのである。たとえば、温度が四〇度の水と六〇度の水を合併したとき、温度は一〇〇度にはならない。つまり合併が加法を結果しないのである。内包量ではなく、とくに加法的な外延量の一般理論をつくろうとするのが測度論であるが、その基本的なカテゴリーが児童心理の解明に役立つことは興味が深い。

このようにピアジェは現代数学の基本的なカテゴリーを児童心理学に応用したのであるが、このことは方法論からいっても大きな意味をもっているといえよう。これまで予想さえもされなかった二つの分野のあいだに意外な親近性があることが発見されたわけである。

しかし、構造という概念のもつ有効性の反面において、そこには一つの危険もひそんでいることを忘れてはならない。もともと構造という概念そのものが静的で固定的なものであることはいうまでもない。そのことは、建築物の構造というコトバをとってきても了解できるだろう。

したがって構造の型ですべてを割り切っていくと、静的で不変な側面だけがとらえられて、動的で可変な側面は逃げ去ってしまう危険があり得る。それはすべての「型の理論」に共通の危険であるし、その危険があるからといってそのようなアプローチの有効性を否定するのはまちがいであろう。それは真実に迫っていくための第一近似としてはたしかに有効なのである。

等質化の方法

量と質

さきにのべた原子論的方法と分かちがたく結びついているのは等質化の方法である。自然を細分する原子論的方法が有効なのは、細分を進めていけばいくほど、細分された一つ一つの断片は接近した性質をもつようになる、という一つの仮定が背後に横たわっているからである。そして細分の極点である原子は等質であるか、それとも等質に近いものと仮定される。多角形を細分していくと、いくつかの三角形になるが、その三角形どうしは、完全に等質ではないが、多くの類似点をもち、等質に近いものになる。三角形への分割が有効なのはそのためである。

チャイルドがのべているように財産を鋳貨にかえて、細分するということは等質の鋳貨に分割することにほかならない。

このように分割もしくは分析の操作は必然的に等質化を予想しているといってよい。たとえば幼稚園ごろの子どもに赤いバラの花三つと白いバラの花二つをみせて、いくつあるかときくと、子どもは「赤いバラが三つと白いバラが二つ」とは答えるが、「バラの花が五つ」とは答えることができない。彼らにとって赤いバラと白いバラはあくまでも別のものであって、それが合併して一つの群をつくることはできない。「赤い」「白い」という色の相違を無視して、バラの花という共通の属性にもとづいてそれを一つにまとめる能力がないのである。色を捨象してその限りにおいて等質のバラを考えることができないのである。そのために、さらにすすんで「五つ」という量的な判断を下すことができないことになる。この例からわかるように、すなわち量の前提として等質化がなければならない。

ここでわれわれは量質の転化という科学方法論上の重要なカテゴリーに出会うことになる。量質の転化をもっとも重要視しているのはいうまでもなく弁証法である。

エンゲルス（F. Engels 一八二〇―一八九五）は弁証法の主法則として、量と質との転化、対立物の相互滲透、否定の否定という三つの法則をあげている（『自然の弁証法』岩波文庫上巻一三ページ）。

ここで注目すべきことは、量と質との転化というとき、エンゲルスではともかくも量から質へ、質から量への双方の転化を意味していた。たとえば『自然の弁証法』(同七九ページ)では、「量から質への転化、及びその逆、の法則」といっているのである。これはヘーゲルが論理学でくわしく論じていたとおりである。しかしエンゲルスが〈量→質〉の転化と〈質→量〉の転化とを同じ比重で論じていたかというと、そうではないのである。彼は〈量→質〉の転化については数々の実例をあげて説明しているのに反して、〈質→量〉の転化については一つの実例をもあげてはいないのである。これは前に「量から質への転化、及びその逆、の法則」とのべた個所とはかなり喰いちがっているといえる。この本を読んだかぎりでは、エンゲルスは、〈質→量〉の転化を名目上だけ認め、事実上は無視したといってもよいだろう。

このような判断を下すのはいささか早計であるかも知れないが、それについてはもう一つの根拠がある。それはエネルギー保存則に対する彼の態度である。エネルギー保存則が一九世紀における自然科学のもっとも偉大な達成の一つであったことは何人《なんぴと》も異議のないところであろう。もちろんエンゲルスもそのことを認めている。そればかりではなく、多くのページをさいて、その重要性を強調さえしている。しかしこの法則を量質転化とは結びつけてはいないのである。

しかしエネルギー保存則は、力学、熱、電磁気などの質的にまるで異なった現象をエネルギーという量的な区別に帰着させてしまうという点からみると、〈質→量〉の転化の見事な一例ではあるまいか。このような鮮やかな例にすら〈質→量〉の転化をみとめなかったとすると、エンゲルスは〈質→量〉の転化を名目上にだけ認めて事実上は無視しようとしたと判断してもまちがいではあるまい。

以上のように量質転化の法則のなかで、〈量→質〉の転化にだけアクセントをおいて〈質→量〉の転化のほうはできるだけ軽くみようとする傾向は、スターリン（I. V. Stalin 一八七九―一九五三）になるとさらに徹底する。彼は〈質→量〉の転化をもはや名目的にも認めないのである。彼の主著とみなされる『弁証法的唯物論と史的唯物論』のなかでつぎのようにいっている。

「形而上学とは反対に、弁証法は発展過程を、量的変化が質的変化をもたらさないところの、単純な成長過程とはみないで、ごくわずかな、目にもつかぬ量的変化から、明白な変化に、根本的変化に、質的変化に転移するような発展、すなわち、質的変化が漸進的におこらずに、急速に、突然に、一つの状態から他の状態への飛躍的転移の形をとって起こるような発展、質的変化が偶発的にではなくて、規則正しく起こるような発展、気づかれないほどの、漸進的な量的変化の集積の結果として起こるような発展としてみる」

この論文では、〈量→質〉の転化については語られているが、その逆である〈質→量〉については一言もふれられてはいない。すなわち、スターリンでは量質の転化というとき、〈量→質〉だけの片道通行となっているのである。

スターリンはさらに進んでつぎのようにいっている。

「さらに、緩慢な量的変化が急激に突然な質的変化に転移することが発展の法則であるならば、被圧迫階級によって決行される革命的変革は、まったく当然にして必然的な現象たることは明らかである。すなわち、資本主義から社会主義への転位や資本主義の圧迫からの労働階級の解放はゆるやかな変化によってではなく、改良手段によってではなく、資本主義制度の質的変化によって、すなわち革命によってのみ実現されうるのである」

ここまでくるとスターリンがなぜ〈質→量〉の転化の法則を除外したか、その意図がはっきりしてくる。それは改良主義を批判するためであったといえる。しかし改良主義の誤りを論証するために〈質→量〉の転化の法則や、連続的変化の法則そのものを否定するのはすこぶる乱暴であり、性急であるといわねばならぬ。カテゴリーそのものはもっと普遍的なものであって、特殊の部門で誤った適用を受けたとしても、それだけで否定するのは理由にはならない。改良主義の批判は社会科学のなかで行なうべきであろう。

エンゲルスは〈質↓量〉の転化を棚上げしたとすれば、スターリンはさらにすすんで、それを否定したというのがいい過ぎであるとしても、少なくとも否定するような文脈のなかでのべているといえよう。

しかし〈質↓量〉の転化を否定したら数学ばかりでなく自然科学の大部分は消えてなくなるだろう。そこでは等質化して量化するという方法が大規模に使われており、それなくしては自然科学や技術のほとんどすべてが進行をやめるほかはない。

等質化や量化の方法は社会科学や精神科学のなかでもしだいに広く利用されはじめている。量化の方法は自然科学にだけ有効であって他の部門では無力であるという古い偏見は、もはや捨てるべきときにきているといえよう。それだけに量化の方法の有効性の限界をはっきりとつきとめておく必要があろう。もちろん量化が可能になるためにはいくつかの条件があり、無条件に通用するものではない。それは自然についても同じであって、量的な研究が常に有効であるわけではなく、やはり一定の条件の下に効力を発揮し得るのである。量的方法に対する全面的拒否もまた無条件的な信頼もともに誤りである。

科学における量的方法を正しく位置づけることを妨げているのはむしろエンゲルス

からスターリンに至る〈質↓量〉の転化の無視もしくは否定であると私は思う。

量的方法を正しく位置づけるには、やはり〈量↓質〉と〈質↓量〉の双方の方面の転化をみとめ、その上で、二つの方面の転化がたがいにどのように関係し影響し合うかをくわしく検討してみる必要があろう。

操作的方法

動かしてみる

分析―総合の過程に対応するものとしてカントルの集合論とヒルベルトの公理主義とがあることは前にのべたとおりである。しかしこの思想圏を支配している基本的な空気は何といっても静的であり、固定的である。公理主義の成果として群、環、体、束などの新しい概念が数学のなかにもちこまれたが、それらは何よりもまず自己自身のなかで完結した体系であり、構造である。現代数学では閉じた（closed）というコトバが盛んに使われるが、それは組織をもち構造をもつ欠陥のない体系を意味する。正と負の整数全体の集まりは加法と減法に対して閉じているというが、それは加法と減法を無制限におこなってもその集まりの範囲内ですむということを示している。しかしそれから0を除いた体系は閉じてはいない。なぜなら3－3という減法の答えは

0のない体系では求められないからである。ヒルベルトの公理主義は自分自身のなかで完結し閉じた体系の構造を問題にするために、その方法は解剖学的になり、動的な側面を逸しがちである。これに対して操作的方法ともいうべき別の方法が対立する。

分析的で解剖学的な方法を徹底していったのが、集合論であり、それを総合しようとしたのが公理主義であるとすると、操作的な方法をはじめてつくり出したのが群論である。

もっとも群そのものは構造と操作との二重性をもっている。なぜなら、群は操作を要素とする一つの構造だからである。しかしここでは操作としての側面に重点をおいてのべよう。

たとえば前にも述べたが、ここに一つのスイカがあるとしよう。そのときその中身をしらべるには二つの方法がある。一つは直接切ってみる方法であり、これは解剖学的、もしくは分析的な方法である。だがそれとは別の方法もある。それは叩いてみて、反響をきいて判断する方法である。これはスイカに外から振動を与えて、それに対する反応をみて、それから性質を判断する方法であって、操作的な方法とよぶことができよう。

一般化してのべると、それは対象にある操作を加えてそれに対する反応から隠れた性質を検出する方法であるといえよう。

この方法を最初に数学のなかにもちこんでその有効性を示したのは二十歳で死んだガロアであった。それまでの数学が研究の対象としたのは、数にせよ、文字にせよ、図形にせよ、おしなべてそれは「もの」の概念であった。それがどのように抽象的であるにしても、実態概念であることに変わりはなかった。しかしガロアが問題にしたのは「はたらき」、操作であり、機能概念であった。もちろんそれまででも操作そのものは数学のなかにしばしば現われてきたが、それはあくまでも実体につきまとう付随的なものとしてであった。しかしガロアは操作そのものを数学の中心課題としたのである。

彼はいくつかの操作の集まりがつくる体系を群とよび、この群の理論を利用して代数方程式論をつくりあげた。この群は数を入れかえる操作の体系であったが、その群の構造の型が、方程式をとく上で決定的な役割を演ずることを発見したのである。ここで重要なのは数という実体から数を動かす操作に力点がうつっていったことである。

ガロアの群論はその後、幾何学にも応用されて幾何学の系譜をつくり上げることに成功した。ここでも図形そのものより図形を動かし変形する操作のほうに重点がうつっていったのである。

解析学でも同じような視点の変化が起こってきた。従来、解析学の中心的な研究対象であった関数（函数）そのものより、一つの関数を他の関数に変える操作——オペレーター——が数学者の注意を引きはじめた。それはほぼ今世紀の初頭のことであって、その方面の理論を関数解析学とよんでいるが、それはあとになって量子力学に理論的な武器を提供することになった。物理学者は観測できる物理的量をあるオペレーターに対応させたのである。

以上のような例からもわかるように操作という概念は現代数学の核心であるといっても過言ではない。

可逆性と結合性

実体概念である数と機能概念である操作の対立やからみあいは、もちろん現代数学になってはじまったものではない。もっとも素朴な初等数学にもそれを見出すことができよう。

個数を数えることから始まる1、2、3……という自然数がまず生まれてくる。そこでは＋という演算——広い意味の操作がおこなわれ得るのである。つまり任意の二つの自然数を加えても和はやはり自然数なのである。自然数全体の体系は1、2、3……という数と＋（プラス）という操作からできているといえる。＋という操作に関するかぎり、それはみずからのなかで平衡し閉じた体系なのである。ところが＋の逆操作である－（マイナス）がはいってくるとその平衡は破れ、閉じた体系でなくなって－1、－2、－3等のマイナスの数がどうしても必要になってくる。ここでは－という操作が数の世界を拡大していくためのテコとなったのである。同じことが割算についてもいえる。÷という新しい演算が分数を要求し、それをつくり出していく。

　このようにして数と操作の対立のなかから新しい数と新しい操作がつくりだされていくのである。つまりこの二つは相互促進的、もしくは相互に増殖的である。

　閉じた数の体系もしくは領域に対して演算はその完結性をうち破るように働く。静的な構造が外から働く操作によって動的となり、より大きな構造へと発達していく。このように数の領域——ガロアは体とよんだ——と演算との間の動的な均衡をみごとに定式化したのがガロアの方程式論であった。

　この操作という考えをピアジェは児童の心理発達の研究に適用している。ここで群の正確な定義をあげてみると、つぎの二つになる。それは可逆的であることと、結合的であることである。可逆的というのはある群に属する任意の操作は必ずその逆操作をもつということである。この引きもどしの操作をもつことが可能であって、この可逆性をピアジェは知能が高い段階に達した目安だとみなすのである。低い発達の段階ではこの可逆性がないのだという。

もう一つは結合的であるということである。

群に属する任意の二つの操作は連結することができるのである。この事実を裏からみると、一つの操作を二つ以上に分割することができることにほかならない。二つの操作を連結すると新しい操作が生まれる。ケーラーのチンパンジーが箱を重ねたり、竿をつないでバナナをとったりしたようにそれは高い知能の特徴でもある。また逆に一つの操作を二つの操作に分解するとまわり路ができる。A点から東北にあるB点にいくときに一挙にいこうとすると障害物があって不可能であるが、これを東にいく操作と北にいく操作に分解すると、まわり路ができるわけである。(図27)

この考えかたを徹底させていくと、複雑な物質を分解していって、もっとも単純な原子に到達するのと平行して、複雑な操作を分解して最も単純な操作——素操作もしくは素過程ともいうべき——にいくつくという考えかたが生まれてくるだろう。

操作の連結は記号的には掛算で書き表わされる。つまりa、bという二つの操作を連結した操作は ab と書かれるが、この掛算は数の掛算とちがって順序の交換が一般にはできないのである。つまりabとbaとは同じ操作ではないのである。たとえば「上衣を着る」という操作と「チョッキを着る」という操作は順序交換できない。順序をかえるとちがった結果になるだろう。量子力学の不確定性原理は、この操作の非可換性と関係があることが明らかになってきた。

前にものべたように群は操作の集まりであるばかりでなく、可逆性と結合性をそなえた有機的で構造的な体系なのである。このように構造をもつ操作の体系である群の理論が、ピアジェのような心理学者に理論構成のモデルを提供したことはおもしろい。

複雑な操作を単純な要素的な操作に分解することはデカルト以来もっとも基本的な科学の手段となった。とくに最近になってこの考えは計算機の構成等に応用されている。

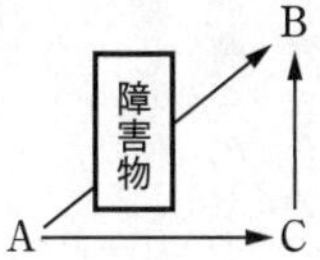

図　27

このような操作的な方法が、対象を動的につかむ上できわめて有効なものであることはもちろんであり、その限りにおいて弁証法的であるが、この方法が果して観念論的であるか、唯物論的であるかということになると、問題はそう簡単ではなくなる。

物質を実体概念の側面だけからとらえようとする狭い意味の

唯物論からは、操作という概念ははみ出してしまうだろう。だから、そのような立場に立つ人にとって操作的な方法は観念論以外の何ものでもあるまい。しかし物質を運動し変化し相互に関連し、力を及ぼし合うものとみる立場に立つなら、実体概念と機能概念の双方を包みこむことが必要となろう。そうなると、操作は物質の運動や変化や働き合いの側面を数学的に抽象したものにすぎなくなる。

現代数学のこのような側面は人間の認識の機構や発達を解明するのに有効な方法を提供するといっても決していい過ぎではないと思う。

「集合」おそるるにたらず

親泣かせ

近ごろ、小学校や中学校に通っている子どもの親たちから「集合がわからなくて困っている。何か簡単にわかる方法はないのか」という質問をよく受ける。ふだん集合をもとにしてものを考えている数学者からみると、集合などごく簡単で、こんなことがどうしてわからないのか、何ともふしぎな気がするのである。

だが、立場を変えて、子どもたちが、学校で集合を教わって困っているのを毎日見ている親の身になってみれば、何とかわかるように教えてやりたいと思うのも無理からぬことだろう。そこで、そういう親たちのために「集合おそるるにたらず」ということを書いてみようと思う。

学校の教科書に集合が出てきてから、集合が急にクローズ・アップされたようである。どれほど自分は数学に弱いと思いこんでいる人でも、小学校の算数だったら大丈夫だと、ひそかに信じているにちがいない。ところが子どもの教科書に集合が出てきたので、その自信さえも喪失してしまった、というのであろう。

いまのおとなたちには、集合のどこがむずかしいのであろうか。まず第一に言葉の問題があるようだ。もともと「集合」という言葉は日常に使われているありふれた言葉である。「全員広場に集合せよ」などということはだれでも使いなれた言葉であるが、それは「集まる」という動詞として使われている。ところが数学の「集合」は「集まり」という名詞として使われている。その点がちがっているようだ。

もともと「集合」とは「何ものかの集まり」なのである。ただここでいうものというのは少しばかり注釈を要するのであるが、その注釈はあとまわしとして、いまはごくあっさりと「集まり」と考えておこう。

日常語の「集まり」だったら、数多く使われている言葉だが、実はこの言葉を表向きに使っていないときでも、考えの中ではこの「集まり」が暗黙のうちに使われていることが実に多い、ということに注意してほしいのである。たとえば「おたくはみなさん、お元気ですか」という何でもないあいさつのなかにも、実はその「集まり」が含まれているのである。つまり「みなさん」は「あなたの家族の集まり」をさしているわけである。また「テーブルの上にはリンゴが三つのっている」というときも「テーブルの上のリンゴの集まり」が問題になっているのである。

そう考えてみると、言葉には出てこないで頭のなかだけで使われている「集まり」

は想像以上に多いのである。

いくつかのものをひとまとめにして考えること——これを結集とよんでいるが——は人間の思考作用の大きな柱の一つであるが、ここでいう集まりとはまさにそのような結集という思考作用の産物なのである。がんらい人間のもっている言語そのものがこの結集という作用をもっているのである。たとえば「自動車」という名詞は一つの自動車ではなく自動車の集まりをさしているし、したがってそこには多くのものを一つにまとめる結集がはたらいているのである。言語を持たないイヌやネコなどは、おそらくこの結集という思考方法を持っていないだろう。だとすると結集は人間だけの持っている思考方法であり、したがってその産物である「集まり」——数学的には「集合」——は人間の特権のようなものだともいえる。

だから「集合」という言葉をこと新しく教わらなくても、人間は考え方としての「集まり」もしくは「集合」を大昔——言語を使いはじめた数十万年前——からちゃんと身につけていたともいえるわけだ。そう考えると、何も今ごろあわてふためくことはないのである。だから「集合ってどこにあるのですか」と聞かれたら、いちばんいい答えは「いたるところにありますが、まず何よりもあなたの頭のなかにありますよ」という答えかもしれない。でも、それだけでは禅問答めいてあまり親切な答えとはいえないので、もう少しくわしく解説することにしよう。

近すぎてむずかしい

がんらい、何かがむずかしいと思うと、それは手のとどかないほど遠くにあると考えがちである。人間はわからないものは遠くにあると錯覚しがちなもので、遠くのほうばかり懸命に捜していて、いつまでも見つからないことがよくある。だが近くにありすぎて自分の眼には見えないばあいもある。自分の鼻の先を自分の眼で見ることはむずかしいし、自分の瞳を自分の眼で見ることは、鏡を使わない限り不可能である。「集合」のむずかしさもそういうむずかしさである。遠くにあるからむずかしいのではなく、近くにありすぎてむずかしいのである。われわれの思考作用がたえず行なっている結集の産物だから、かえってとらえにくいのである。それは自分の眼で自分の瞳を見るむずかしさによく似ているといえよう。だから、それを可能にするにはある種の鏡が必要になってくる。そしてその鏡を手に入れると、何の苦もなくわかる。

集合を教わった子どもはよくつぎのような感想をもつようだ。

「集合をはじめて教わったときは、何が何だか、さっぱりわからず、とてもむずかしいものだと思った。でも、いろいろ苦労していちどわかってしまったら、なあんだ、こんなつまらないものか、と思うようになった」

この子のいうことは、集合のむずかしさを的確にいいあてている。つまりその鏡を持たないときは大へんむずかしいが、いちど鏡を手に入れるとばかばかしいほどやさしくなるということである。

では「集合」のばあい、その鏡にあたるのは何だろう。それは頭のなかにある結集という思考作用を、いちど外界に投影して、それを自分の眼で見ることにほかならない。その役割をもつのは数学の常用手段である記号化である。集合に限らず、数学は記号化、もしくは記号的言語を大胆に駆使する科学だといっても過言ではあるまい。そしてこの記号化が一般の人々を数学から遠ざけている最大の原因にもなっているようだ。

世に数学ぎらいを自称する人は多いが、よくよく聞いてみると、数学そのものがきらいなのではなく、数学の門前にがんばっているブルドッグのような記号がきらいだというのが多いようだ。記号もブルドッグと同じように、ちょっとなれさえしたら決してこわいものではないのだが……。

記号を使うのは決して数学だけではない。音楽のオタマジャクシはりっぱな記号的言語だし、これを毛ぎらいしたら音楽はやれないだろう。また交通標識だって一つの記号的言語なのである。あれを覚えなくては車の運転はできないはずだ。

もちろん数学は、はじめから記号的言語を使う。小学一年生の教わる「2+3=5」はもちろん記号的言語の一つで、自然言語では「2と3とを加えると5になる」という文章に相当する。ところで、この二つは意味は同じでも、どちらがわかりやすいだろうか。いうまでもなく、記号的言語で書いた「2+3=5」のほうがわかりやすい。それは一年生にだってよく理解できることである。思想を明確にする上では、記号的言語のほうが格段にすぐれている。たとえば、ツルカメ算や過不足算を算数で考えるとひどくむずかしいのに、代数の方程式を使うといともたやすく解けてしまうことを経験している人が多いと思う。

ところがそのわけを考えてみると、全く自然言語を方程式という記号的言語に翻訳したからである。方程式は問題の本質をあざやかに紙の上に投影したものであり、それを見ると、解き方のヒントまでつかめるのである。

おしなべて自然言語だけが理解しやすいという信仰、もしくは迷信がひろがっているようだ。その迷信の裏をかいたのがマンガだろう。もともと自然言語で使われている文字だって絵文字や象形文字から発達したものであり、人間はそういう視覚的言語から簡単に縁を切れるものではないだろう。数学で使う記号は絵文字や象形文字と同じではないが、視覚によって論理をとらえさせるのに役立つ点では共通点があるようだ。

では、集合ではどのような記号が使われるだろうか。

記号化

集合は「何ものかの集まり」であり、結集作用の産物なのだから、そのことをうまく表わすような記号を考えるのがよい。そのためには数学でよく使われるカッコを使う。たとえば「四国の県の集合」をSとすると、それはつぎのように書く。

S＝{香川，愛媛，徳島，高知}

だから両端はなかのものを囲んでいる手の形（図28）だと思ってもよい。

同じく「中国の県の集合」をCとすると

C＝{岡山，広島，鳥取，島根，山口}

と書けばよい。

ここで前から懸案になっていた問題をとりあげる必要があろう。それは「何ものかの集まり」というときのものとは何かをはっきりさせることである。

ここでいうものとは「テーブルの上のリンゴ」のように物体をさすばあいももちろ

ん多い。しかしここでいうものは決して物体ばかりではないのである。たとえば香川、愛媛……などは物体とはいえないし、また「一週間の曜日の集合」となると、{日，月，火，水，木，金，土}となるが、日、月……は物体とはいえない。あるいは「西行の山家集の和歌の集合」というとき、その一つ一つの和歌は物体ではない。

集合の理論は十九世紀の後半にカントル（一八四五—一九一八）という数学者によってつくりだされたのであるが、彼は集合をつぎのように定義している。「集合とはわれわれの直観または思惟《しい》のよく区別された対象——これを集合の要素と名づけるが——を一つの全体にまとめたものである」。今日の数学ではこの定義は素朴にすぎるとして別の定義が用いられているが、ここの議論を進めていくうえでは、カントルの定義で十分である。

この定義で「要素」という術語が出てきたが、これは集合を構成しているそれぞれのメンバーのことである。前の例だと香川、愛媛……などはSの要素である。これをつぎのようにεというギリシャ文字を使って表わす。

要素 ε 集合

だからSのばあいは

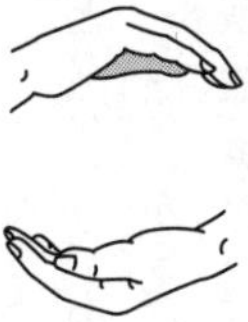

図　28

香川 $\in S$, 愛媛 $\in S$, 徳島 $\in S$, 高知 $\in S$

となるわけである。

　ところがSだったら要素が四つしかないので一つ一つ列挙して$\{$香川, 愛媛, 徳島, 高知$\}$と書けばよいが、要素の数が多くなると、この列挙の方法はひどく厄介なものになる。そこで文章を使って表わす方法がある。たとえば「日本のすべての県の集合」をKとすると、このKをつぎのように表わすのである。

$$K=\{x \mid x\text{は日本の県である}\}$$

　カッコの中は立て棒で二つの部分に分かれているが、自然言語では「日本の県であるようなすべてのもの――xで表わされている――の集合」という意味になる。この表わし方をみると、だれでも英語の関係代名詞を思い出すだろう。立て棒の後のxは who とか which などの関係代名詞に相当するし、立て棒の前のxはいわゆる関係代名詞の先行詞に相当する。もちろん二つのxは同じものである。この表わし方は要素を列挙するかわりに、要素の満たすべき条件を文章で表わす方法である。

　集合の要素の数が有限であるとき、すなわち有限集合だったら列挙の方法も労力さえ惜しまなければできないことはない。しかし要素の数が無限になるばあい、すなわち無限集合になると列挙の方法は不可能となる。無限の要素を書きつくすことはできないからである。だから無限集合はやはりこの関係代名詞式の表わし方で定義するほかはない。ところで有限集合は小学生にもわかるくらいやさしいものだが、無限集合となると格段にむずかしくなる。そのことを忘れてはならない。元来カントルが集合の理論をつくりだしたのは、無限集合を探究するためであった。有限集合だけであったら大げさな理論などつくりだす必要はなかったのである。

ところが新しい教科書には無限集合がいとも簡単に、いともお手軽に使われている例をしばしばみかける。子どもたちが混乱して途方にくれることがなければ幸いである。

数学と人間

数学軽視の傾向

掲げた演題（原題「数学教育と人間形成」）についてふだん考えていることを申し述べてみたい。〝数学教育〟と〝人間形成〟を並べて話すことは、今まで例がなかったのではないかと思う。

教育学の人に言わせると、数学は人間形成と関係がない、数学は用具学科だという。何か大きな目的に対する手段として利用する学科だというのである。この考えは古くからいわれているらしいが、戦後では社会科が重要視されているのと関係があると思われる。生活単元学習を主唱する人の意見を聞いてみると、その考えがはっきりする。米国の単元学習の主唱者・ウィルソンは、その著〝*Teaching the New Arithmetic*〟の中で、〝数学は実務の侍女である〟といっている。

しかし、私はそうは考えない。数学をやることによっても人間はできる、望ましい人間形成ができると思う。数学者および数学教育者も人間形成を考えていいと思う。数学だけではなく、すべての学科が人間を作ることをめざすべきで、たんなる用具学科は教育の中にないほうがよいと思う。

数学は用具であるという考えがなぜできたかというと、一つには日本の社会の中にその原因がある。昔から日本では自然科学は重要視されなかった。徳川時代に進歩した和算も当時の社会からけっして尊敬を受けてはいなかった。がんらい、自然科学は自然を支配する手段を教えるものである。ところが、孔子・孟子の教えは人間の精神を支配する学科であるという考えで、日本ばかりではなく、東洋では、とくにこの考えが支配的であった。

西洋でも、古代ギリシアのターレスの時代には、まだ自然科学と精神科学の分離はなかった。ところが、ギリシアでも、時がたつにつれて支配者と手工業者が分離しはじめるころには、人を支配する学問と自然を支配する学問とははっきり分離して来ている。「ターレスは星を見て歩いていて溝におちたことがある」という話をソクラテスがしているが、これによりソクラテスが科学をけいべつし、数学者について誤った考えをしていたということがうかがえる。

当時の貴族と働く人の間では数の扱いにも差が現われた。たとえば、分数の考えも、貴族は整数の比としての分数を考えていた。ところが、働く人である大工や左官などは測定値を扱うため、分数を一つの数と考えていたのである。すなわち、支配階級の人びとと働く人びとの間では数の扱いそのものにも差が出て来るようになった。

東洋においては、理科系の学科を軽く見る考えはさらにはなはだしかった。文科的な学問をした人の中には、自分は数学・理科を知らないと得意げにいう人があるが、理科系の人は文学がわからぬとはなかなかいわず、わからなくても黙っている傾向がある。こういう事実の中に、文科系の学問を重く見る傾向がはっきりとよみとれるだろう。

学力低下と数学教育

今まで昔からあった数学軽視の傾向について述べたが、もう一つ、戦後に起きた生活単元学習的な考えが数学軽視の傾向を助長したと思う。生活単元学習と、その背後にあるプラグマティズムは数学と相いれないものを持っている。その人たちの考えによれば、数学はたいして必要のないものとして軽視されるのである。

数学では小学校一年からすでに自然数がはいってくる。これはわれわれから見れば何でもないことであるが、一面からみると、この中にはすでに高度の抽象がある。一匹、一羽、一個は存在しても、〝1〟そのものはそれらの抽象である。未開人種の中には、この抽象がまだできていないものもあるという。数学はこのように最初の出発から高次の抽象によってはじまっている。これはプラグマティズムでいう生《なま》の経験を主とする考えとは相いれないものである。だから、生活単元学習では必要以上に数学を低く見てしまっている。

最近、米国から帰った数学者が、あちらの数学者に「単元学習はよいと思うか」ときいてみた。それに対して、「米国の数学教育は悪いと思うが、米国の数学者は発言権がないから仕方がないのだ」と答えたそうである。米国の数学教育を調べている人の話によると、プラグマティズムは数学を目の敵にして、その程度を下げることに腐心しているということを言っている。その結果、どういうことになったかというと、米国の数学者・ウィルソンの言によれば、米国では大学生の40パーセントは整数の加減乗除が十分できず、50パーセントは分数の乗除に抵抗を感ずるといっている。日本ではまだそれほどにはなっていないようである。

もう一つの資料をあげてみよう。イリノイ大学の新入学生にテストしてみたものである。高校であまり数学を選択しなかったもの二百数十人についてのテストで、文理学部と教育学部についてのテストの結果は①のとおりである。

これに対して大学当局では驚異的無能力——“Shocking inability”——と表現し、大学にも〝算術の講座〟を設けねばならぬといっている。“mathematical monthly”で、

問題	正答率	
	文理学部	教育学部
175ドルの6％はいくらか	41％	59％
7－6＋2－4	34％	55％
0.4、2.5、0.875を大小の順に並べよ	30％	53％

①——学力調査

このような学力低下の原因を分析しているが、その一つに、教科課程をきめるのに地方ボスと教育学者があまりにも関与しすぎ、専門の数学者に発言権が無いからで、国家の将来のために憂うべきことである、という意味のことを述べている。

日本ではこれほどにはなっていないと思うが、現在の教育をそのままうけ入れていれば、ここまで程度が下がってしまうのではないかと心配される。米国の学生を教えたことのある人と最近、話したが、日米の学生の数学の学力を比較することはまったく問題にならないと言っている。

数学の単純さと頑固さ

それでは数学が人間を作るのに役立たないかというと、私はそうは考えない。数学によって美的感覚を養うということなどは、小中の段階では考えられない。指導要領などでいう数学の美しさ、数学のよさなどは副産物であって、本当のものではない。

数学のねらうべきものは、また別にあると思う。各教科にはおのおの特長があるように、数学も人間形成に関係があり、数学を勉強する人は数学によって影響をうける。

漱石の『坊っちゃん』では、主人公の〝坊っちゃん〟と〝山あらし〟はふたりとも数学の先生である。その筋を追ってみても、ふたりが数学の教師である必要はまったくないのである。それにもかかわらず、漱石がなぜふたりを数学の先生にしたかというと、彼は数学者かたぎというものがあり、数学が、やはり、何か人間形成に影響があり、人間の性格のある望ましい面を作ると認めたからであろう。一口にいえば、坊っちゃんは単純、山あらしは頑固である。ところが、単純さと頑固さは数学の大きな特長である。漱石は、数学の、この性格を二人の人物の中に具体化してみせたのだと思う。

数学が単純であり、頑固であることは議論の余地がない。1+1=2であって他のものではない。いろいろの人がこの単純さと頑固さをひやかしの的にする。〝ネコとネズミを一緒にすれば、1+1=1である〟〝世の中は数学通りには行かぬ〟〝公式通りには行かぬ〟のたぐいである。利害の錯綜した複雑な世の中に生活しているおとなには、数学は単純にすぎる。

おとなは単純さに満足できず、子供もそうであろうと思ってしまう。したがって、生活単元学習では、子供は数学がきらいだという前提のもとに〝興味づけ〟というようなことを非常に重く扱う。これは一つのまちがいで、興味テストによると、少なくとも低学年では数学の好きな子供の多いことと社会科のきらいな子供が多いことは意外なほどである。「教育心理学講座」の中にある副島〔羊吉郎〕氏の『数学と興味』〔金子書房〕によってもそうなっている。正誤のはっきりした単純さと頑固さが子供の単純な性質にマッチしているのである。このことは良いことだと思う。

数学には菓子のような甘さはないが、真水のうまさがある。数学の、この持ち味を生かすべきで、真水に砂糖を入れるのがいつもよいとは限らない。単元学習が子供の興味を主にするのは非常に結構であるが、やたらに興味づけをするのは真水のうまみを解しないものである。

数学と社会

数学の好きなのは子供ばかりかというと、そうではない。米国にも数学の好きなおとながたくさんいた。例をあげてみよう。雷が電気であることを確かめたフランクリンには魔方陣に関する論文がある。フランクリンと同時代の人で第三代の大統領になったジェファーソンは、法律の勉強にはいる前の学生に、〝数学はおもしろいし、数学における推論は役に立つ。精神の能力も体力と同様によい練習によって完成されるから、数学によって法律学を勉強するための基礎工事をするのが適当である〟と言っている。

リンカーンは貧しい家庭に育った人で、少数の本を精読した人であるが、その中にユークリッドの幾何学があった。彼は論証の力をねるために読んだと言っている。しかし、数学そのものは彼の実務の役には立たず、財政のやりくりはへたであったそうである。リンカーンから四代後の大統領・ガーフィールドはピタゴラスの定理の新しい証明を発見している。フランクリンはアメリカ的合理主義の元祖であると言われているが、彼のほかにも米国の初めの時代には大統領や政治家に数学の好きな人が多かった。そのころの政治家は理屈の通る健康な社会を目ざして奮闘していたと思われる。力のあるものが出世できる社会の気分が数学の気分と似ていたと考えるのはあながちこじつけではないと思う。

ところが、最近のプラグマティズムが教育を支配しだしたのは一九二九年の恐慌のあとである。米国の人たちは、あの時代に幻滅を感じたのである。理屈の通らない、資本主義のうまくいかない時代であった。教育にこの影響が現われるのも当然で、米国の進歩的と称せられる人びとは数学をきらい、数学の学力を下げることに力をそそぐようになった。数学の好きなリンカーンの時代と、プラグマティズムがはばをきかせている現在のアメリカの社会とに大きな相違があることは、やはり、数学が人間の社会に影響されることを示す一つの証明になると思う。

リンカーンと幾何学

それでは、リンカーンが数学によっていかなる影響を受けたかを考えてみよう。このことははっきり論証のできないことではあるが、彼の発表した教書や書物などから数学が彼の性格に及ぼしている影響をうかがうことができる。リンカーンの伝記を書いたある人が、彼は、ある点では良い意味の議論好きで、ギリシアの論証的というような方面の力があり、物事を自分で考えて行く非常な力を持っていたし、また、これを人にわからせることもうまかった、と書いている。

私も彼の発表したものを最近、読んでみたが、その中にこんなのがある。彼が奴隷存続論者と論争している言葉の中で、「黒人の女を奴隷にしたくないなら、かならず彼女と結婚しなければならない、というごまかしの論理に私は反対する。私は彼女を奴隷としても妻としても欲しないのであり、ただ彼女を一人にしておこうとするのである。ある点では、彼女と私は対等でないかもしれないが、額に汗した労働でパンを食べる生得の権利では、彼女は私と対等であり、何人《なんぴと》とも対等である」と言っている。今でもそういうごまかしの議論をする人があるが、リンカーンは、もうずっと以前にそれがごまかしであることを論破している。たしかに奴隷にしないからといって結婚する必要もないわけである。

また、彼は奴隷存続論者・ダグラス判事とも数回にわたって論争しているが、その中で「一つの命題をうち立てるには二つの方法がある。一つは道理の上にうち立てることであり、もう一つは偉い人がこういうからといって、ひたすら権威の上にうち立てる方法である。もしダグラス判事が一人の人間が他の人を奴隷にすることが民主主義だということ、奴隷制度が正しいものであることを、ユークリッドの証明と同じ様に証明するなら、私は承服する。しかし、実際はそうでないから、承服できない」と言っている。この言い方は幾何で使う論法と同じである。

このように、彼の論法にははなばなしいところはなく、全部論理でおして行く型のものであり、彼の性格には墨一色で書かれたようなところがある。これは彼が幾何を弁論の道具として使っただけでなく、やはり、彼の性格に数学が深くしみ通っていた、そういう性格を数学が作ったと考えられる。

数学と論理的思考

それなら、数学が人間を作るのにどんな役割を演ずるかを考えてみよう。まず数学の持つ形式論理である。数学も、微分積分になると、弁証法が重要な役割を演ずるが、小・中学校の数学では、形式論理学が非常な力を持っている。最近はこれが軽視されていて、指導要領にも論理的思考をねると書いてあるが、お義理に書いてあるだけである。どうして形式論理を軽視するようになったかというと、これはプラグマティズムの根本的な考え方によるのである。一九二九年の大恐慌以来、道理ではどうにもならぬ、刻々〝変転する社会〟に適応するには理屈など考えないほうがよいということが言われるようになった。

しかし、われわれは人間である以上、社会がでたらめに動くとは考えられない。社会の発展の法則を考えることは科学的である。そのためにどうしても論理的思考が必要になる。こういうと、何かいかめしい、むずかしいもののようであるが、筋道の通った考えが論理的思考である。曇天にかさを持って行くかどうか、そのために天気予報を聞き、さらに最近の予報が当たっているかどうか考えてみることなどもこれである。

多くの経験からこれを一つの結論としたものが形式論理である。それにはいろいろある。逆はかならずしも真ならずとか、排中律であるとかがある。一般の人びとはこの形式論理の簡単なものさえ身につけているとはかぎらない。新聞などにも折々誤った論理が見られ、社会を毒していることもある。一般の討論などでも〝逆はすぐ真である〟としたりしていることがある。こういう例を見ても、形式論理を身につける必要がある。もちろん、形式論理にも一面的なところがある。もともと概念と実物とにはくいちがいがある。形式論理だけで行くと、とんでもないまちがいをおかすこともある。『坊っちゃん』にも、赤シャツに〝山あらしは悪いやつだ〟と入れ知恵された坊っちゃんが、これを信用して、しばらくの間、誤解をしているところがある。形式論理を一面的に使い、世の中は善悪のいずれかで、山あらしは悪いやつだと思っていたのである。

数学教育と論理的思考

初等教育の中にも論理的思考を入れることが必要である。初等教育で大切で、しかも、むずかしいものに比例がある。今の教科書では、比例は統一がとれず、混乱している。比例がすっかり身についていると、関数概念もはいりやすいと思うし、比例・

反比例を実際の問題からとり出してくる力がつくと思う。これを教えるにはどうしても分数の乗除が必要になるのだが、分数の乗除を教えないから、関数関係で一番大切なことであるところの、二つの数を並べておいて、その変化の様子をしらべて、二つの間の関係を、すなわち、関数関係を導き出してくることもできないし、また、比例ができないから応用問題もよくできない。それならば、中学へ行けばはっきりこの分数の乗除を教えるかといえば、そうでもない。

日本数学教育会（略称、日数教）の大会の際も、この問題は大きな問題となったが、中学側では分数の乗除を小学校で何とかまとめて欲しいという空気が強かった。これらのいろいろな部面の欠陥をずっとたどって行くと、分数の乗除を教えないという壁につきあたってしまうことが多い。他の教科ではこれほどのことはないと私は思う。地理だったら、関東地方のことを教えなくても、よその地方のことを教えられないことはない。よそのことを教えているうちに関東地方のことも自然にわからせることができないことはない。ところが、数学のように体系的な学問では、一か所をおさえられてしまうと、もう皆それにひっかかってきてだめになってしまう。私は小学校で分数の乗除を教えることをぜひやってもらいたいと思う。日本の今の初等教育で、これが一番の急所ではないかと思う。

ユークリッド幾何をどう扱うか

中学へくると、理論的な思考がどんなところにあらわれるかというと、これは幾何ではないかと思う。義務教育の中でこれをどう扱って行くかというと、私には成案があるわけではない。しかし、幾何の中にある軽い意味の論証は中学のうちにやっておきたいと思う。

たしかに今までの幾何はむずかしすぎた。初等幾何の進み方は急勾配であった。三角形の合同のようなことからやさしく証明できる問題をたくさんやる。論証になれさせるということ、つまり、幾何の内容でなく論証を判らせることに主眼をおいた問題をたくさんやらせる。

このとき、問題になることはユークリッド流の考え方だけでよいかということである。ユークリッドの幾何学は形式論理のみごとな例にはなっているが、いくつかの面に欠陥もあると思う。あくまでも理論が固定し、静止的である。三角形ＡＢＣはあくまで形も変わらず、永久に動かない。これはユークリッドの基本的な考えであるから仕方がないが、今の教育の中で、一方では変化や運動を扱う解析幾何・微積分などを扱いながら、あそこだけ固定した動かぬものを扱うことに矛盾があると思う。

幾何をどういうふうに初等教育の中で扱うかは数学教育の中でもっともむずかしく、また、もっとも大切な問題であると思う。ドイツのクライン（Klein）が今世紀の初めに変換の幾何をいいだしている。クラインが学問的な意味で唱えた学説の初等教育への応用が問題になっている。これを日本ですぐやることは困難であろう。そのためには先生方に勉強し直してもらわなければならないが、しかし、できないことではないらしい。最近、ドイツの教科書を手に入れたが、それがこの方法でやってあった。だから、やり方によってはできるわけである。ドイツは八年間の義務制であるが、その第六年で幾何がはいって来ている。

最初に出ているのは、三角形ではなくて線対称である。最初に蝶とちょうつがいが導入に使われている。そして、説明は蝶がただ線対称であるというだけではなく、休むときに二枚の羽を重ねる性質があることを利用している。このような方法で、二等辺三角形の底角相等、垂直二等分線の定理のあたりまで全部線対称でおしていって、その間、程度のやさしい論証がはいっている。

また、作図題などもはいっている。ユークリッドでは、対称はほんの少ししかやらないが、最初のうちは線対称でやって行くのがわかりやすいと思う。「村の周辺を鉄道が走っている。二つの部落から等距離のところに駅を作るのにはどこへ作るとよいか」——この問題を小学校六年でやっている。その間、ユークリッドの方法を最小限にとどめている。そして、高校へはいると、変換群の幾何もでて来ている。私はいささかびっくりしてしまった。

　こういう高度の教育を可能にするような具体案を作ったら、じつにすばらしいと思う。ドイツの教科書は今世紀のはじめから、そういう傾向を持っていたらしいが、近年でもはっきりそれが生きている。占領後はソビエトと同じだろうと思うだろうが、独ソは教育制度さえちがう。ソ連は小学校四年、中学校六年である。こういう点からみると、ソ連は東独に教育制度をおしつけなかったらしい。

　ユークリッドのやり方は非常にまとまりがあり、立派であるが、三角形をもとにし、それを固定して考えるのがよくない結果になっている部分もある。たとえば、〝平行四辺形の面積は、一辺とそれへの高さの積に等しい〟ことなどは、Klein 流では直角台形をずらすことによって証明している。簡単でわかりやすい——図②。この方面にもわれわれの研究すべきものがある。

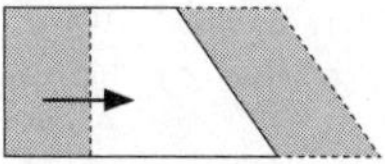

②——直角台形の面積

　さて、人間を作るのに一つの教科だけが万能であるとは考えられない。各教科にはそれぞれの特長があり、数学も人間形成のある部分を受けもつべきである。数学も子供の望ましい性格のある部分を伸ばすのに役に立つと思う。物事を論理的に考える子供、正しいこととまちがっていることをきっぱり判断のできる子供、正邪の判断のできる子供を作ることは道徳的にいっても大切なことである。

山あらしは非常な正義漢で勇敢な男であるが、性格に偏狭なところがないではない。彼の偏狭さをもっと寛容にするには芸術などの他の学科で補うべきである。数学がたんなる用具学科でないこと、数学もまた人間形成に大切な学科であるということを、われわれ数学教師もいちおうまとめておかないと、他の教科の人に議論を吹きかけられたときに太刀打ちできないので、以上のようなことを考えてみた。

まとまりのない話であったが、時間が来ましたので、ここで終わります。

現代社会と数学の役割

数学に対する社会的需要の増大

最近、数学が事業のいろいろな方面に使われるようになってきました。これは十年くらいまえからのたいへんいちじるしい傾向だと思います。数学を商売にしている私でもたいへん意外だと思うことがどんどん起こってきています。私などが大学の数学科に入って勉強したころは、数学は世の中にはあまり使われない、使われたにしても、たいへん間接的にしか使われないものだというふうに考えられておりました。

たとえば、数学を使って物理学の研究をやって、その物理学がまた高度の技術に使われて、世の中と交渉を持つとか、あるいは天文学に使われるといった程度で、社会現象に使われる数学といったら、せいぜい生命保険のなかに使われているくらいなものでした。また、私たちの勉強もあまり世の中には関係がないということを覚悟のうえでした。

ところが、ここ十年とはいいませんが、五、六年まえから数学者に対する社会の要求がたいへん大きくなってきました。それが一番よく現われるのが、大学の数学科を出る学生に対する求人が急激に増えてきたということです。私のところも、毎年、卒業生が十数名でるようになってきておりますが、求人が六、七倍になっていて、これは、昔では想像もできなかったことです。

以前は学生のほうでほうぼうに就職試験に行かなくてはならなかったのですが、数年まえ、そういうことをするのはたいへん面倒ではないか、それよりは学校へ各会社の人事課長に来てもらって、就職試験をしてもらったほうがよかろうということになりました。最近の学生はそういう点、実行力に富んでおりまして、さっそくそれを実行いたしまして、教授の部屋を借りてやったのです。つまり、学生のほうが机にずっと並んでおりまして、会社の人事課長がひとりひとり来て、学生のほうがいろいろ聞くわけです。私はこれをあとで聞いて、たいへんびっくりしたのですが、これは、最近、会社・官庁などで数学を使う度合いが急激に増えてきたという証拠であると思います。

勘の時代から数値の時代へ

しかし、これをよく考えてみますと、当然のことではないかと思うのです。つまり、社会的現象がたいへん集団的になってきている。そういう問題を解決するにはどうしても数学が入り込まざるを得ないということです。

たとえてみますと、寒いときに、家庭で火鉢を入れたほうがよいか、入れないほうがよいかということを主婦が決める場合には自分の勘で決めて支障ないでしょう。ところが、大きなビルの暖房装置で、そのスチームをたいている人が今日は火をたいたほうがよいか、たかないほうがよいかの基準を決めるのに勘で決められたのではたまらない。何度という寒暖を数に表わした尺度で決めなくてはなりません。つまり、たくさんの人が関与する現象になると、一人の勘では困る。もっと精密なモノサシがいる。それは何で表わすかというと、数です。

数というものは、私たちの使っていることばよりも、より精密なことばだと言ってよろしいのではないかと思います。その精密なことばを使わなければ、非常におおぜいの人間が関与している現象をコントロールすることはできないということです。

私は、きょう、目黒からここへくるのに、車が渋滞してしまって一時間くらいかかってしまいました。最近の都市の交通状況というものは最大の悩みになっております。これを解決するのには勘ではとうてい駄目です。たとえば、あるところの交差点のゴー・ストップを何秒おきに変えるかという問題でも、いいかげんにやられたのでは困る。やはり、そこの交通量を、時間を区切って精密に調べた上でないと、うまくいかないわけです。そうしますと、どうしても、そこに数というものを使わざるを得ないのです。

あるいはまた、広告会社でも、目抜き通りの交通量を調べて、何時と何時の間には人間がどれだけ通るということの統計をとって広告する場所を決めたほうが効果が大きいというわけで、これも精密な統計のもとに業務をやっているということも聞いております。日比谷交差点の人通りの調査を見ますと、ちょうど昼ごろになると、山が二つできる。お昼の前と後に大きな山ができる。それは考えてみると当然で、お昼のまえにたくさんの人がオフィスから出てくる。その人たちがお昼を食べて、また帰るというので、もう一つ山ができるのですが、これが銀座四丁目とか、ほうぼうではそれぞれ違うわけです。そこで商売にも統計を使うようになってきている。だから、そういう会社にも数学者が一、二名必要になってくるわけです。

ここ二、三年、夏になると、〝不快指数〟ということばが新聞によく出ます。これは、私もよく知りませんが、そのときの温度と湿度を測って、それを指数を出す公式にあてはめて出すわけです。いままでは、ただ、〝きょうはむし暑くていやな日だなあ〟と言っておったのが、〝不快指数85〟とか〝90〟とかいう数に翻訳されて出て来る。これはかならずしも正確だとは言えないかもしれませんが、むし暑いといっているよりは、精密な言い方であります。おそらくこういうことをしてくれれば、冷房の動かし具合にも都合よく利用されているだろうと思います。かように、いままで私たちが勘で言っていたものが、数で表わされてくるようになってきているのです。

情報理論と確率

最近、第二次大戦後、情報理論というのが出てまいりました。これはたいへん急激に発達した理論の一つです。よく新聞などでニュース・バリューということばが言われます。新聞の一面の一番右側にのっている記事はニュース・バリューが一番大きいということですが、このニュース・バリューも一つ数で表わそうということになって、ある程度、数で表わす方法が考え出されたのです。これはだいたいアメリカのシャノンという人が考えついたのですが、そこから情報理論が始まったのです。

　これを大ざっぱに言いますと、ある事件が起こったとしますと、それには起こりにくい事件か、または起こりやすい事件かという程度があります。数学のことばでいえば、その事件の起こる確率です。１００回のうち1回起こるのであれば、確率１００分の1、１０００回に1回なら、１０００分の1の確率といった具合です。この確率と情報量を結びつけたのです。だいたいまれにしか起こらない事件が起こったということを知ったほうが情報量は大きい。

　つまり、確率が小さければ小さいほど、情報量は大きいわけです。相撲で、大鵬が幕内の下位の力士に勝つという確率と負けるという確率は、どちらが大きいかということになると、大鵬が勝つという確率のほうがたいへん大きいですから、確率の小さい、大鵬が負けるということが実際に起これば、情報量はたいへん大きく、翌日の新聞には大きく出るわけです。つまり、確率が小ならば、情報量はたいへん大きいということになります。また、冬、雷が鳴るということは、確率は小さいが、情報量は大きくなります。犬が人間に嚙みつくということは確率が大きいが、人間が犬に嚙みつく確率は小さいからニュース・バリューはたいへん大きくなります。

　そこで、ある事件の起こる確率をPとすると、情報量は確率の逆数の対数になると考えてよろしい。すなわち、$\log_2 1/P$ といったかたちになります。

「二十の扉」というラジオ番組がございました。動物か植物か鉱物かというようなことから始まって、だんだんに答えを導き出していくのですが、これは一問ずつ、つまり、イエス・ノーで答えて行く。〝動物である〟といったら、こんどは〝足があるかないか〟、〝ある〟といったら、つぎは〝羽があるかないか〟といった具体に二またにわけていく。その一方が、また二またにわかれていきますから、二十回目にはたいへんな枝の数になるわけです。これはだいたい１００万くらいの数になります。
正確にやりますと、2を十回かけると、１０２４になります。この１０２４と１０２４をかけますから、１００万よりちょっと大きい数になるわけです。ところが、第二問で〝足がある〟ということになると、半分の50万は、もう関係ないことになります。つまり、〝足がある〟といった情報を得たために、選ぶ範囲が半分になったわけです。つぎに〝羽がある〟という情報を得たために、また半分の25万になる。つまり、確率が１００万分の1であったものが50万分の1になり、25万分の1になったわけです。

ところで、対数というものはかけ算をたし算にかえる一つの手段です。つまり、問いを出すことによって2分の1ずつ減っていく。情報のほうはたし算になっていくということですので、対数が使えることになります。

だいたい、こういう簡単なことから情報理論がまとまってきたのです。そして、戦後、急激に発達しまして、通信の理論に使われてきております。いままではニュース・バリューといった曖昧なものだったのが、数字によって測る手段を考え出したということになります。ここでも数学がいままでよりたくさん使われるチャンスが出てきたのであります。こういうことは第二次大戦以前の数学にはなかったことです。この情報理論も理工科の分野ではなくて、社会的現象に属すると思うのです。

行政や経営に数学が進出

以上の数例を見ても、数で表わさないと、処理がつかない現象がたくさん出てまいりました。お役所の行政の一つのプラン、会社経営のプランを立てるといったようなことにもたいへん積極的に使われてまいりました。こういうことをだいたいひっくるめてＯＲといっておりますが、いままでだいたい勘でやっていたことが、数学が入り込んで、より精密に処理できるようになってきたということでございます。ぼんくらな経営者でも、数学を使ってかなりうまい経営ができるということにもなります。

しかし、数学が社会的現象に使われ出したきっかけは戦争であります。つまり、戦争というものはたいへん膨大な消費をともなう。人間の命もかかっている。それだけに、やる人は真剣です。労働や費用におかまいなく研究したのです。こういう戦争という何もかも膨大な量を使う場になると、数学の威力が出てくるのであります。

生命保険には数学が早くから使われていたものですが、これも何千万という人の死亡率が非常に安定しているということをもとにしているわけです。これが少数であったら、そこに偶然が入り込んでくるのですが、たくさんであるために、そこにきれいな法則が出てくるわけです。町を歩くと、交番のまえに〝本日の死亡者数・負傷者数〟というのが出ております。不思議なことに、毎日、この数字がだいたい合っております。〝死亡3・負傷150〟といったところが一番多いのではないかと思います。これも非常にたくさんの車と人が動いているためであると思われます。戦争になると、なおさら、こういうことはいえると思います。数学とは人を生かすのにも使われるし、人を殺すのにも使えるという性格を持っているのでございます。

一つの会社を経営していくのには非常にたくさんの要因があります。品物の仕入れ量、雇用量、生産量などをどのくらいにするか、資金の借入量はどのくらいにするかなどの要因があるわけです。そのなかから利益をいちばん大にするにはどういう方法をとったらよいかという問題が起こります。そこにまた数学を使う領域が出てまいります。

数学というのは、その性格からいって、現実の生活からは離れております。かならず現実のあるところから四捨五入してやっているわけです。そのはしょり方がうまくいけば、結果と合います。まずいと、いくら計算しても、現実の結果と違うものになってしまいます。

最近の傾向として大会社に大学出身の数学者が入るということがあります。しかし、私どもにいわせれば、我田引水かもしれませんが、まだまだ数学の使い方がたりないと思います。全般的に見ますと、営利会社のほうがそういう面で積極的でありまして、国家のほうがたりないように思われます。東海道新幹線をつくるのに何百億という赤字を出したというようなことは数学を使わないために起こったことであろうと思われます。数学をよく使っていれば、ああいう馬鹿なことは、本来、起こるはずがございません。まだ昔のような大福帳的な予算を作っているためだと思います。

道路公団が道路をつくるときには、その効果いかんを計算しなければなりません。つくってみないとわからないといったのでは無責任になります。その予想の上に立って、何年たったら費用をペイするか決めなくてはならない。そのためには数学者がかなりたくさん動員されなければなりません。これはまた聞きになりますが、関門トンネルの自動車道路ができるまえに計算した自動車数と、現在の自動車数とがかなり精密に合っているそうでございます。

さきほど申しましたように、数学を使う場合には、はしょってやるから非常に長期の予想というのはなかなかむずかしくなってまいります。数学というものは正直ですから、こういう条件のもとでは、こういう正確さで出せるということを言うものです。易者ではありませんから、何百年さきのことを当ててみせるなんてことはけっして言いません。わからないことは正直にわかりませんと言います。

これも、最近、聞いた話ですが、ある数学者が国鉄から中央線の混雑をどういうふうにしたら緩和できるかを計算してほしい、どういう方策を立てたらよいかということをたのまれたそうです。そこで、そうとう面倒な計算をした結果、もう一本、中央線をつくれという結論が出た。そうしたら、そんな答えじゃ困るといって怒ったそうですが、怒られようがどうしようが、そういう結果が出たのだからしようがないのです。

さて、こう見てまいりますと、いままでの数学とはかなり性格がちがっております。数学ならば同じではないか、2×2が6になったり、8になったりはしないではないか、と言われるかもしれません。それはもちろん変わってはおりません。しかし、どの部分をとくにくわしく研究するのかという傾向は変わっているということです。

第二次大戦まえの数学は、自然科学や技術に適用するためのものが主であったが、大戦後はそれに加えて社会的現象をうまく処理するという方面の数学が急激に発達したということです。おそらくみなさんに一番関係のあるのは、その後者だろうと思われます。私のような数学者でも、そのようなことはよく知らなかった。できてみて、なるほど、こういう使い方もあるのだなあと感心しているような具合です。

数学の本質と受験数学

では、社会的現象に使う数学というのは、どういう性格を持っているかということになります。ここでは学校で教えた古い数学というものはあまり役に立たない。こういう言い方をすると、ちょっと変ですが、みなさんがたが学校でお習いになった数学はほとんど仕事の役に立たないという感じを持っておられると思います。事実、あまり役に立たないのです。ちがう方面で、もう少し数学を知りたいと感じていらっしゃるかたがあると思います。

では、そういう場合にはどうしたらよいかということになります。結論的に言うと、昔、数学で苦しめられた、だから、もうおれは数学の才能がないのだといってしまうのは少しはやすぎる。昔の数学がよくわからないにしても、新しい数学はちょっと性格がちがうのです。そこで、新しい数学というものはいったいどういうことをやっているかということを大まかに申してみたいと思います。数学のできなかった人も、ひとつ、新規まき直しでやってみてください。

結論から申しますと、新しい数学は非常にやさしいのです。数学というものはいったいにやさしいもので、平凡で当たりまえのことを根気よくやっていけば役に立つものなのです。学校で教えているものは、それからだいぶずれてしまっている。なぜずれたかというと、試験のためであろうと申しあげたい。

入試というのは、ご承知のように資格試験ではありません。選抜試験です。高校から大学に入るときの試験というものは、高校の実力をためすものではありません。いくら高校程度の実力があっても何にもならない。つまり、実力をためすものではなく、ふるい落とすためのものなのです。ですから、入試は落とすためのものである。定員３００人のところへ１０００人が応募して、１０００人がみんな満点とってしまったら、意味がありません。７００人くらいできない問題を出さなければならない。そういう性格を持っているから、どうしても問題がひねくれてくるのです。これが長いこと続けば、そういう問題を解くことだけに憂き身をやつすような教え方になってしまうのは当然です。

ところが、数学というものは、そういうものではなく、もっと素直な考え方のなかにあるのです。そこで、入試には合格しないかもしれないが、役に立つという数学をこれから申し上げます。

記号論理学と社会現象

まず記号論理学というものからご説明申しあげます。これはいままでの学校教育のなかでは教えられていなかった。論理学は旧制高校の文科あたりでやっておりました。なぜやったかと申しますと、だいたい法科に進む人のためのものです。つまり、法文解釈の必要上やったわけです。記号論理学というのは、同じ論理学でもかなりちがいます。

代数というものはa、b、cとかx、y、zといった記号を使います。そこで、同じ問題でも、代数を使ってやるのと算術でやるのと、どっちがやさしいかと申しますと、これは記号を使って方程式で解いたほうがずっとやさしいわけです。記号という手段を使うことによってたいへんやさしくできる。じつは数学の威力の秘密はここにあると言ってもよいのです。もちろん、記号化するには一定の準備がいりますが、これさえマスターしてしまうと、あとはたいへんやさしくなる。

記号論理学も論理の進め方をちょうど代数の文字の計算と同様にやっていく。そのためにたいへんやさしくなってくるのです。この考えをはじめて打ち出したのはライプニッツです。われわれがものを考えていくうえで推論でやることを計算でやっていこうというのです。当時はいまのように整備されたかたちではありませんでしたけれど、考え方は打ち出していたのです。これはおそらく、近い将来、高校の数学にとり入れられるのではないかと思われます。

また、社会現象に使われる場合には事務管理の面に役立つのではないかと思われます。会社には部があって、課があって、そこに業務の分担というのがございます。そして、何課は何をやるといったような分類をやっていると思われます。これはたいへんむずかしいことだと思います。そういった会社の組織で、この書類はどういうふうに回って部長のところまでいくかということにも、この論理学を使うことが必要になってくるのです。

具体的に、こういったものがあるのは電気などの回路です。非常に簡単なものはスイッチ回路です。家によっては梯子段にスイッチがありまして、上と下に二つのスイッチがついていて、上と下でそれぞれ消したり、つけたりできる。また、エレベーターはスイッチがたくさんあって、回路でつながれていて、上がったり、下がったりするわけです。こういったスイッチを持った回路が論理学とたいへん密接な関係がある。ですから、記号論理学を使って電気回路を設計することができます。機械は具体的なものからできておりますが、一方、人間の組織もかなりこれに似ているのではないかと思われます。

それでは、なぜこういうものが使われるのかと申しますと、たとえば、〝きょうは雨が降る〟といった命題があったとします。これはホントウかウソかの二通りがあります。スイッチでいえば、ONにするかOFFにするかの二通りの選択に合うわけです。つまり、理論というものにはホントウかウソかという二通りの選択があるといったことが電気のスイッチと偶然にしろ一致している。こういうことを利用しているのです。

学校で先生が時間割を作るときもこれが利用できます。教室と先生と生徒という三つの要因があって、これがぶつからないようにしなければならない。こういう条件のもとに時間割をうまく組むという仕事です。時間割を組める先生というのはあまりたくさんいないのです。一種の特技のようなもので、だいたい数学の先生がやっております。こういったことはほかにもたいへん多くあるのではないかと思われます。時間割を作るのに記号論理学を使っているわけではありませんが、これを知っていると、勘の悪い人でもできるようになるのです。いったいに学問というのは勘の鈍い人でもある程度できるようにしてあるのです。勘が発達した人だけができるのでは、まだ科学ではありません。

記号論理学とはなにか

では、記号論理学の簡単な例を申しましょう。

［命題］

雨が降る――A

雪が降る――B

代数では、A、Bといえばある数のことでしたが、記号論理学では、A、Bが命題を表わします。さて、代数では、たし算は＋で結びつけましたが、ここでは and で結びつけます。つまり、A and Bとすれば、〝雨が降って同時に雪が降る〟ことになります。ふつうは and のかわりに∧という記号を用いて、A∧Bと表わします。and と対になっているのは or です。こちらは∨で表わします。つまり、A∨Bは〝雨が降るか雪が降る〟ということになります。両方がいっしょでもよろしいのです。

A∧Bを連言――命題をつなげてある

$A \vee B$を選言――どちらか一方を選べ

連言のほうは代数のたし算に似ておりますし、選言のほうはかけ算に似ております（けっして同じではありません）。こんどは〝雨が降らない〟、つまり、否定は、

$$A'$$

で表わします。B'は〝雪が降らない〟ということになります（これはひき算に似ております）。だから、ダッシュが二回ついて、

$$A''$$

となれば、二重否定となって肯定となります。

あとは代数と同様に計算していけばよろしいのです。これは簡単なものですが、複雑なものとなると、頭のなかで混乱してしまってとうてい結論など出せなくなってしまいます。計算ですることによってまちがいなく答えを出すことができるのです。さきほど申しましたエレベーターの回路なども頭のなかだけではとうてい整理できない。これを記号論理学の考え方を使って計算でやるのです。しかし、こういうことも基本をただせばたいへん簡単なことで、ただ、イエスかノーかをつなぎ合わせていったにすぎないのです。

だいぶまえですが、NHKのテレビで「電子時代」とかいう題で、新しい電子工学の機械を使ったものの紹介をやっておりました。私はたいへんおもしろく見たのですが、そのなかに郵便をより分ける機械の説明がありました。これはドイツのだと思いますが、要するに、何県何郡何町と宛名を書くかわりに封筒の端にパンチを入れておく。そして、そのパンチの個所を東京・大阪・名古屋などと場所場所でちがえておいて、たくさん集めて、一方から光を通すのです。その光が通るか通らないかでより分けていくわけです。そして、だんだん幹から枝へ、その枝からつぎの枝へといった具合に封筒が流れていって、最後に目的地につくといったやり方なんですね。これだと人間もいらないし、まちがいもないわけです。これだってイエス・ノーで分けていくやり方です。

これは会社でも使うとたいへん役に立つと思います。書類をたくさんかかえてあっちこっちかけ歩くことも不要になります。これから事務の機械化という面でどんどんとり入れられていくと思います。

いまは記号論理学と申しておりますが、少し昔は論理代数と申しました。これは代数みたいに計算していくからです。いまの例を見ても、数学の得意でない人でも入れるということがおわかりだと思います。代数とちがう点は、A and Aという点でしょう。数では$A \times A = A^2$となるところを、こちらは$A^2 = A$となってしまいます。A^2の場合、〝雨はふるふる城ケ島の〟といっても、雨にはかわりないのですから、ここに記号論理学の簡単な点があるのです。ですから、いまからお習いになっても、じゅうぶんできます。とにかく素直なものなのです。

ちがった例を申しますと、三人でできている委員会があるとします。いま、ある件につき多数決で決めることになった。ふつうは投票ということになりますが、これはやっかいだというので、三人のまえにスイッチをつけて、賛成ならば、スイッチを入れる。反対だったら、スイッチを切る。すると、その件の可決・否決がランプで現われる。だから、ランプをみればいいという仕掛けです。そこで、じゃあ、それをするには、どういうふうにして線を結びつけたらいいかという問題が出てきます。これもさきほど申したやり方でいけば、計算でできてきます。国会なんかでもこれを取り入れたらいいと思いますが、こっちのほうはたいへん複雑になってきます。

かように、記号論理学は、ある程度、複雑になり、頭のなかだけではどうにもならないときに記号と計算を使って処理できるようにしてあるのです。

行列とはなにか

つぎに社会に使われる新しい数学のなかでよく出てくるものに行列というのがございます。簡単に言うと、数を二重に並べたものです。こういうものはわれわれの身のまわりにたくさんあります。汽車の時刻表もそうです。経理の帳面もそうです。野球の打数、安打の数、本塁打数、打点などを入れた表もそうです。これらを記号論理学と同様に一つの文字で表わす。

たとえば、つぎのごとき行列があった場合、横の段を〝行〞、縦の段を〝列〞と申します。

$$A=\begin{bmatrix} a_{11} & a_{12} & \cdots\cdots & a_{1n} \\ a_{21} & a_{22} & \cdots\cdots & a_{2n} \\ \vdots & \vdots & & \\ a_{m1} & a_{m2} & \cdots\cdots & a_{mn} \end{bmatrix}$$

で、a_{11}は1行目、1列目の数といいまして、aの右下の数字がそれを表わします。これは無理に数字でなくてもよろしいのですが、数が膨大になると、ほかの記号ではたりなくなってしまいます。ちょうど最近、急行がうんと増えたために、いちいち別名をつけられなくなって、「こだま」の〝第１〟〝第２〟というふうになったのと同じですね。

ところで、Ａと書いてはありますが、その内容は相当に複雑です。たとえば、何々保険会社といっても、その内容は非常に込み入っている。そういう一括した呼び名があるということは、われわれの生活をたいへんに簡単にしております。かように、簡単にする知恵が人間になかったら、人間の考えは足踏みして発達しないでしょう。そういう意味で、Ａと書いてあるのはたいへん重要なことなのです。つまり、たくさんの字が集まっているものを一文字で表わすのであります。

そして、この行列のあいだでたし算・ひき算・かけ算・わり算を行なっていくのが行列算であります。ですから、いままでの代数と非常によく似ている。しかし、同じではありません。いままでの代数というのは行列のごく特殊な場合と考えてよろしいのです。すなわち、１行１列の行列と考えて計算していたことになります。

行列のたし算

それでは行列のたし算はどういうふうにやっていくかと申しますと、たとえば、ある飲料水の店があって、その支店が第一から第四まであったとします。そこで一月十七日にビールを第一支店に20ダース、第二支店に30ダース、第三、第四にそれぞれ25、15ダース卸したとします――①のA。Aは3行、4列の行列です。そこで、一月十八日の分をBとします――①のB。

$$A=\begin{bmatrix} 20, & 30, & 25, & 15 \\ \cdots\cdots & \cdots\cdots & \cdots\cdots & \cdots\cdots \\ \cdots\cdots & \cdots\cdots & \cdots\cdots & \cdots\cdots \end{bmatrix}$$

$$B=\begin{bmatrix} 18, & 25, & 20, & 10 \\ \cdots\cdots & \cdots\cdots & \cdots\cdots & \cdots\cdots \\ \cdots\cdots & \cdots\cdots & \cdots\cdots & \cdots\cdots \end{bmatrix}$$

そのときに十七日と十八日の合計の配給量を出したいときにはどうしたらよいかと申しますと、まずAとBの同じ行を加える。つまり、同じ場所にある数をたせば、両方の合計の数量が出てくるわけです。これをA＋Bと書きます。つまり、A＋Bということは同じところにある数をたしてできた行列です。すなわち、

$$A+B=\begin{bmatrix} 38, & 55, & 45, & 25 \\ \cdots & \cdots & \cdots & \cdots \\ \cdots & \cdots & \cdots & \cdots \end{bmatrix}$$

というふうにできます。行列のたし算とは同じ場所にある数字をたしてできた行列です。だから、たし算ができるためには、ＡとＢの行と列の数が同じでないと困るわけです。そこで、この場合、Ａ＋Ｂと書いても、たし算は３×４＝12回やっていることになります。ひき算も同様に同じ場所にあるのを引いてやればよいわけです。そうすると、昔、中学でやった代数とほとんど同じ計算の規則が成り立つことになります。Ａ＋Ｂ＝Ｂ＋Ａは行列でも成り立つことになります。ですから、行列といっても、そこに出てくるＡ、Ｂというのは、昔のＡ、Ｂであるかのように計算してもまちがいないわけです。計算のやり方を新規まき直ししなくてもよろしい。

つぎはかけ算ですが、ビール・サイダー・ジュースの１ダースあたりの単価と重量の表があったとします――②のＡ。これから、一月十七日分――②のＢ――の第一、二、三、四支店に送った全体の重量と価格がいくらになるかという場合です。まずビールについては、Ａの重量にＢの配給数をかけると、第一支店のビールの重量が出てくる。サイダーの重量も同様に出てくる。ジュースも出てきます。そうしておいて、全部を加えると、第一支店に納めた総重量が出てきます。価格も同様にそれぞれかけて、たせば出てきます。以下第二、第三、第四も同様になります。すなわち、ビールについては②のＣになります。

ですから、行列のかけ算というのは、たし算とかけ算が入りますので、ちょっと複雑になりますね。したがって、順序がたいへん問題になりますから、代数のようにＡＢ＝ＢＡというふうにはいきません。だから、まえの行列の列の数（ここでは3あります）と後の行列の行の数が同じにならなければなりません。そして、できた行列の行の数はまえのＡという行列の行の数と同じ、列の数は、後の行列の列の数と同じになります。

これが三つとか四つなら楽ですけれども、何十という行の数、列の数となると、人間の手には負えません。だから、計算機にかけなくてはならなくなる。ここで、数のかわりに行列という数の集まりを一つの文字で表わしたものを計算するわけです。普通の計算と非常によく似ていますが、まったく同じではありません。非常にちがうところは何かというと、かけ算の順序が変えられないということです。

では、こういうのは何に使うかというと、線型計画法（ＬＰ）というものに使われます。さきほど申しましたように、会社を経営していくのには非常にたくさんの要因があります。それらを行列にして、計算で出すわけです。もちろん、計算は計算機を使ってやります。そして、そこから一番利益を上げるにはどうするかを出すわけです。昔は、式は立っても、機械がなかったから役に立たなかったのです。

これでおわかりのように、行列といってもむずかしい点はありません。中学校くらいでも教えようと思えば、けっこう教えられます。近い将来、教えられるようになる

品名＼支店	1	2	3	4
ビール	20	30	25	15
サイダー	15	20	30	0
ジュース	40	50	0	0

A＝1月17日

品名＼支店	1	2	3	4
ビール	18	25	20	10
サイダー	20	25	30	0
ジュース	30	20	0	0

B＝1月18日

①――支店別配給数

	ビール	サイダー	ジュース
重量	10Kg	5 Kg	3 Kg
単価	1500円	500円	500円

A＝1ダースの重量と単価

品名＼支店	1	2	3	4
ビール	20	30	25	15
サイダー	15	20	30	0
ジュース	40	50	0	0

B＝1月17日の配給数

	1	2	3	4
重量	200	300	250	150
価格	30000	45000	37500	22500

C＝ビールの場合

②――支店別の重量と価格

と思います。ですから、出てくることばは耳新しいものですが、内容はいたって簡単なものなのです。連立方程式、これも、じつは、行列の式に書くことができます。

$$\begin{cases} 2x+3y=9 \\ 5x-6y=7 \end{cases}$$

を行列のかたちに書くと、数字と未知数のｘ、ｙだけ抜き出して書いて、あとは二つの行列のかけ算をすればよいのであって、２行１列の行列式となります。

$$\begin{bmatrix} 2 & 3 \\ 5 & -6 \end{bmatrix}\begin{bmatrix} x \\ y \end{bmatrix}=\begin{bmatrix} 9 \\ 7 \end{bmatrix}$$

行列的に書くならば、ＡＸ＝Ｂとなる。だから、見方の角度を変えただけで、中学の代数と変わりないのです。要するに、たくさんのイコールを一つにまとめたという点で考え方をたいへん簡単にしているわけです。

きょうは、だいたい記号論理学とはどんな性格かということ、行列とはどんなものかということをお話したわけでございます。これが新しい数学のなかでたいへん重要な役割を持っているのでございまして、古い学校教育のなかではとり上げられなかったものでございます。しかし、再三申し上げましたように、けっしてむずかしくない、楽なものであります。昔、数学の得意な人も不得意な人も、新規に勉強する場合にはぜんぜん差がないということであり、これからの新しい社会現象にも使われてくるということです。

もっとくわしく申し上げられればよかったのですが、私の話をお聞きになって少し勉強してみようかなという気を起こされたら、たいへん幸いでございます。みなさんがたはプロの数学者になるわけではございませんが、もっと一般の社会現象に数学を使う習慣をつけていただきたい。また、使わなくてはならなくなるだろうと思います。

では、このへんで。

文科のための数学

東洋と西洋における数学の位置

ここで〝文科〟というのは純粋な文科ばかりではなく、自然科学や工学を除いた人文科学や社会科学にわたる広い範囲の学科を意味している。旧制高校は文科と理科に分かれていたが、その分け方でいうところの文科にほぼ相当するものと考えてもらうことにしたい。

その時代にも、文科の数学というのはあったが、それはおおむね理科の数学の程度を低め、内容を薄めたものであった。だから、学生のほうでもさっぱり興味がもてず、いたずらに数学ぎらいの人口をふやすのに貢献したにすぎなかった。

しかし、ここ十数年のあいだに事情は一変した。文科にも数学が入用になってきたのである。それまでのように、自分は文科志望だから数学はいらない、といってうそぶいているわけにいかなくなった。文科系出身で年配の人びとのなかには数学がきらいだということを得意気にしゃべる人がある。数学がきらいでも恥じ入る必要は少しもないが、それかといって自慢にする必要もないと思う。

数学を目の敵にするのは、どうやら東洋の伝統であるらしい。自然科学の発達のおくれた東洋では、学問といえば、もっぱら文科系の学問であって、物をいじくり回す自然科学は一段低い、いやしい仕事だとみなされてきたようである。

しかし、ヨーロッパはちがっていた。自然科学や数学は一段低いどころか、むしろ、学問の主要な柱でさえあった。哲学者のプラトン、デカルト、パスカル、ライプニッツなどの名をあげただけでも、そのことは理解できよう。これは文科のための数学を考えるさいに、まず念頭におくべきことであろう。

現代社会と数学

ところが、最近になって、数学はきらいだといってうそぶいていることができなくなった。それがいちばん目立ってきたのは文科系の学校を出て、行政・管理・経営などの実務にたずさわっている人びとについてである。

そういう人びとのなかから、仕事の上でどうしても数学を使わねばならなくなり、勉強したいがどうしたらいいか、という相談を受けることがたびたびある。その人びとはおそらく学生時代には数学がきらいで、卒業のときは、これで数学とも縁切りになるので、サバサバした気分になったのではないかと思う。

ところが、そういう数学とまたつき合わねばならなくなったのはなぜだろうか。その理由には二つあると思う。第一には、数学を使う側の事情が大きく変わったことである。つまり、人文・社会などの分野で数学を積極的に利用できるような場面がふえたことである。

たとえば、ある社会政策上の問題を解決するさいに、ある種の量を最大、もしくは最小にするためにはどうするか、という問題――最適化（optimization）――がしばしば起こってくる。たとえば、一定の条件のもとで、ある関数を最大にする、という問題がそうである。その条件が一次の連立不等式

$$a_{11}x_1 + a_{12}x_2 + \cdots\cdots + a_{1n}x_n \leqq 0$$
$$a_{21}x_1 + a_{22}x_2 + \cdots\cdots + a_{2n}x_n \leqq 0$$
$$\cdots\cdots\cdots\cdots$$
$$a_{m1}x_1 + a_{m2}x_2 + \cdots\cdots + a_{mn}x_n \leqq 0$$

で与えられ、ある一次の関数

$$f(x_1,\ x_2,\ \cdots\cdots,\ x_n)$$

を最大にする問題がしばしば起こる。

この種の問題が線型計画法（LP）と呼ばれているものである。この型の問題は戦

後になって新しく登場したもので、古い知識では処理しきれない。とくに変数x_1, x_2, ……, x_n の個数 n が大きくなると、紙とエンピツでは手に負えなくなり、電子計算機の助けを借りねばならなくなる。しかし、その原理は連立1次方程式にもとづいているだけで、ベクトルや行列に一通り通じておればよい。

この列からもわかるように、ベクトルや行列の理論——線型代数——が多く利用されるようになった。

しかし、もう一つの理由は数学そのものが大きく変わったということである。十九世紀の半ばごろまで、数学は、その名のごとく、主として数や量を中心とする学問である、といっても間違いではなかった。すべては数に還元されるといってもよかった。

しかし、十九世紀に入ってから数学のなかに新しい主役たちが登場してきた。たとえば、群がそれである。群は数や量ではなく、操作の集まりであった。また、命題や述語を主役とする記号論理学も新しく創りだされてきた。つまり、数学は数を研究する学問というよりはるかに広い学問となったのである。そのために数学は物理学や天文学のような精密自然科学ばかりではなく、より広い分野に適用できるようになった。

数学は構造の科学

数学を〝数の科学〟とよぶことは、今日ではもはや不適当であるというならば、よりふさわしい名称は何だろうか。それは、もはや〝構造の科学〟とよぶべきであろう。

それでは〝構造〟とは何か。まず比喩によって語ることからはじめよう。

ある建築師が一軒の建物を建てる過程をたどってみよう。彼は、まず建築材料を買い集めて一か所にストックするだろう。材料は木材・石材・瓦……等であろう。それは物体の集まり――すなわち、集合――である。ここでは、それらの材料はまだ物体の雑然たる集まりにすぎないわけで、それらの物体――集合の要素と名づける――のあいだにはまだ何の相互関係もない。人間でいうと、あるとき、ある駅のプラットフォームに立っている群集のようなものである。相互に何の面識もないから、そのまま別れたとしても、何事もない。まったくバラバラな要素の集まりである。

ところが、建物の設計図がつくられ、それにしたがって、土台の上に柱が、柱と柱との間に梁《はり》が渡されるようになると、相互関係が生まれ、そこに建物が出現する。この建物に相当するのが、ここでいう構造（structure）である。そして、要素間の相互関係を規定するものが公理もしくは公理系である。だから、公理系は建物の設計図に当たるといってよかろう。図示して比較対照すると、つぎのようになる。

材料—設計図→建物

集合—公理系→構造

もちろん、数学の構造は建物のように物体からできているわけではなく、そのかわりに、いわば概念からできている。つまり、概念の建築物というべきであろう。いろいろの国のあいだの外交関係を例にとってみよう。たとえば、

{アメリカ、イギリス、中国、フランス}

はそのままでは集合であるが、外交関係の有無を考えると、それは一つの構造となる——図①。

これと同じ型の関係をもつ四つの国の例はほかにもあるだろうし、また、四人の人間のあいだの友人関係にも成立し得るだろう。

別の側面からながめると、現実の世界には、物はちがうが、相互関係のタイプは同じである、換言すれば、構造は同じである、というものが少なくない。簡単にいうと、〝異物同構造〟とでもいうようなことである。建築物の例でいうと、集団住宅のように、物はちがうが、

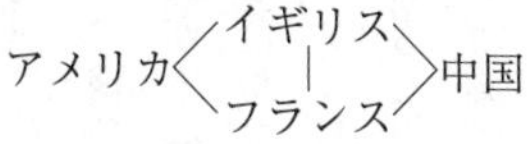

①——外交関係

同一の設計図による建物がそれに当たる。そのようなものを同型（isomorphic）とよぶ。構造というのは、結局、同型なものを一つにまとめたものとみてよいだろう。構造が人間の認識にとってきわめて有効であるのは、人間の思考作用が型や図式によることが大きいからであるといえよう。

ブルバキ〔フランスの数学者の集団〕はこのような構造を研究するのが数学の任務であると規定した。この規定が正しいかどうかはともかくとして、現代の数学が、多くのばあい、何らかの構造を研究の対象としていることは確かである。そのような意味で、数学は――とくに現代数学は――〝構造の科学〟であるといってもよいだろう。

構造は自然のなかにも社会のなかにも、あるいは人間の思考のなかにもあるとしたら、構造の科学としての数学は自然科学・社会科学・人文科学などのあらゆる学問とかかわりをもつ。そのことから、数学が、最近、あらゆる学問のなかに浸透していくことの理由が了解できるだろう。最近、〝構造主義〟ということが話題になっているが、それは数学の構造と同じではないが、けっして無関係ではない。

もちろん、構造の科学とはいっても、数学はあらゆる構造を手当たりしだいに研究するわけではない。それは数学にとって手にある仕事である。だから、当面、仕事の限定を行なわねばならない。そのために数学の研究対象として、つぎの種類の構造があげられている。

①――代数的構造
②――位相的構造
③――順序の構造

このような構造の科学としての数学は、数量の科学としての数学よりもはるかに広い応用をもつはずである。

半精密な数学――確率

これまで数学はもっとも精密な科学であり、その精密さが数学の生命であるとされてきた。その典型的な実例が天体力学であろう。次の日食が何年何月何日の何時何分何秒にはじまり、何分間、続くことが前もって予想され、しかも、それが正確に的中する。これはまさに数学の勝利であり、すべての人びとを驚かすにたりる。

しかし、逆に、この精密さが数学の適用範囲をいちじるしく狭めているともいえる。〝世の中は数学のようにはいかない〟とよくいわれるが、それは精密さの欠けた現象には数学は適用できないということを意味している。しかし、そのばあいにも数学は一つの道を開いた。それが確率の概念である。サイコロを振ったあとでは、〝1の目が出た〟ということは真か偽のどちらかであって、その中間はない。しかし、まだサイコロを振らない前には〝1の目が出る〟かどうかは真でも偽でもない。それは未確定である。未来のことはわからないからである。

だが、〝明日、雨が降る〟ということははっきり判らないが、気象台の発表は、降るほうの見込みが大きいかどうかを想像できるような表現をとっている。ここに確率の出発点がある。日常の会話でも〝明日は九分通り雨だ〟〝明日の試合は七分通り○○の勝ちだ〟という言い方が使われている。これは数学の言葉にほんやくすると、

〝明日、雨の降る確率は０・９だ〟

〝明日、○○が勝つ確率は０・７だ〟

ということになる。

確率の概念によって、それほど精密でない現象にも数学を適用する道が開かれることになった。とくに社会における集団的現象はそれほど精密ではなく、いわば半ば精密（semi-exact）なものが多いが、そのような現象には確率論が威力を発揮する。

数学勉強法

つぎに文科系の方々の数学勉強法をのべておこう。よく聞くことだが、〝近ごろ、数学の必要があって、もういちど勉強しなおしたいのですが、やはり、代数・幾何・三角法とやったらよろしいでしょうか……〟という人がある。それに対する答えとしては、〝否〟といいたいのである。昔の数学をもういちど勉強することはあまり必要ではなく、それよりも、はじめから新しい数学をやり始めるほうがよい。たしかに数学は系統的にできているから、下から積み上げていかぬと理解しにくい点がある。しかし、それほど窮屈でない点もある。

たとえば、いきなりベクトルや行列にとりついても、結構わかるようにもできているのである。sin や cos のめんどうな公式を忘れてしまっても、ベクトルや行列を理解するさまたげには少しもならないのである。また、幾何のむずかしい問題は解けなくても、記号論理学はよくわかるのである。そちらのほうが、はるかにやさしくできているからである。そのことを考えると、昔、学校で数学ができたとか、できなかったとかいうことは、あまり関係がない、ともいえるのである。むしろ、そういう過去の記憶はすっかり洗い流して、新規まきなおしで勉強をはじめるとよい。新しく文科系の大学に入学した学生諸君にも、これから勉強のやりなおしをしようと心がけている人びとにもそのことをすすめたい。そのような新しい勉強の目標として何をえらぶかを考えてみることにしよう。

①——線型代数

これは linear algebra の訳で、現われてくる式が主として一次式だから、この名がある。だから、2乗や3乗は原則として現われてこない。線型代数の基礎はベクトルや行列である。ここでいうベクトルとは、いくつかの——n個の——数もしくは量の組である。これを、

$$[a_1,\ a_2,\ \cdots\cdots,\ a_n]$$

とか、

$$\begin{bmatrix} a_1 \\ a_2 \\ \vdots \\ a_n \end{bmatrix}$$

とかとタテかヨコにかく（どちらでも同じである）。前にものべたように、ＬＰ

（線型計画法）などの基礎となるので、応用範囲も広いし、より高い数学への関門でもある。

②――微分積分（微分方程式）

これは今から三〇〇年むかしに生まれた学問だが、その重要性は今も変わらない。古い学問だけにいろいろ面倒な練習問題がたくさんあるが、文科系ではそういうものをいちいちやっていく必要はないだろう。ただ、この学問の基本的な思考法をつかむようにして勉強していくとよい。一言にしていうと、微分は無限に細分すること（分析）であり、積分はいったん細分したものをつなぎ合わせること（総合）である。微分積分までやったら、一歩を進めて微分方程式までのぞいておくとよい。もちろん、方程式を解くテクニックにはそれほど習熟する必要はない。

③――記号論理学

この学問は、文科系の人びとにとって〝これでも数学か〟という疑問を与えるだろうと思われる。そういう意味ですすめたいのである。命題や主語や述語などを従来の数や関数のように計算して結論を出すのであるから、それはまさに数学なのである。

この学問はものごとを整理する能力を発達させるのではないかと思う。

④――確率論

社会の集団的な現象には確率の考えが利用されるが、その基礎をつくるのが確率論である。これも、あまり細かいところに深入りする必要はなく、基本的な考え方に慣れるように心がけるのがいいと思う。確率論を一通りすましたら、より実際的な統計学に進むとよい。

以上にあげた四つの分野は筆者が思いついたものをあげただけで、他にもいろいろあるだろうと思う。最後に、構造を中心とする現代数学の大まかな考えをつかんでおくことが望ましい。

あとがき

近ごろ数学がいろいろの所に顔を出すようになって、数学ぎらいの人々を困らせたり、うんざりさせているようだ。

この本はそういう人々のために書いたいくつかの文章を集めたものである。どの文章も数学とはそれほど恐いものでも、また人間ばなれしたものでもなく、ただの人間たちが、何千年も昔から、寄ってたかってつくりあげた、きわめて人間臭い学問なのだ、という立場から書かれている。読者もそういうつもりで読んでいただきたい。

プロローグ「数学とはなにか」は以上のような考えを『数学教室』（一九五五年九月号　国土社）に書いたものである。

第二の「数学は変貌する——古代から現代まで——」はこの本の大部分を占めるもので、昨年（一九七〇年）の六月に筑摩総合大学公開講座で二回にわたって講義したときの速記録にかなりの加筆を行なってできあがったものである。

数学史を古代、中世、近代、現代の四つの時代に分けるのは別に定説となっているわけではなく、今のところ著者の仮説にすぎないが、数千年にわたる数学の発展を大づかみに見渡すにはかなり役立つと思っている。

ただし、すべての時代区分がそうであるように細かい点では例外はいくつでもみつかるだろう。

「連続と不連続」は『リクルート』（一九六九年八月号　日本リクルートセンター）に書いたものである。これは数学のなかでのもっとも基本的な対立概念である連続と不連続についていくらか随想風につづってみたものである。

「数学と方法」は『人間と思想』（一九五九年　有斐閣）の一つとして書いたものである。本の性格上、やや学術論文風なスタイルになっているが、他の文章とは内容的には同じことをいっていると思う。ただ〈量と質〉についての考え方はこの文章だけにあるものだ。

「集合おそるるにたらず」は、今年（一九七一年）の八月に『毎日新聞』に三日間連載したものである。

それは今年から小学校に「集合」が登場してきて、子どもの親たちばかりではなく、先生たちまで悩ましていることを念頭において書いたものである。

「集合」は本書の至るところで触れられているので、数学という学問の中で、それがどのように位置づけられ、どのような役割をもっているかは明らかになるだろうが、それが子どもの算数にどうつながるかという問題について書いたものである。

親泣かせの集合もその本質をつかんでさえいたら、少しも恐くない、ということが読者にわかってもらえたら、ありがたい。

最後に方々に書いた原稿を丹念に集めて、このような一冊の本にまとめてくれた国土社の友兼清治君に謝意を表する。

一九七一年九月

遠山　啓

〔増補〕

「数学と人間」——原題「数学教育と人間形成」（一部省略）・「信濃教育」一九五四年一一月号・信濃教育会

「現代社会と数学の役割」——「損害保険研究」第二十六巻第一号付録・一九六四年二月・損害保険事業研究所

「文科のための数学」——「数学セミナー」一九六八年五月号・日本評論社

弔詩

その声は、ひとびとに告げていた。
数学は
若干の公理系から導き出される自律的な体系の
小宇宙であるだけではなく、
ひとりひとりの全人生がひたっている
自然や社会の構造を映しだした、客観的な知識なのだと。
数学よりも芸術よりも先に、
人間の諸能力の全身的な目覚めがなければならないことを、
遠山さんは説きつづけられた。
この国では

それはしばしば、絶望的な憤りなしに
語れないことだったのに、
遠山さんは何事もないかのように微笑しながら、
むしろ、つねに、「たのしさ」について多く語った。

だれにも真似のできるようなことではなかった、
あれほどにも、生きる時間のふくらみを、
その貴重さを、教えつづけてやまないことは。

わたしは思う、
遠山さんは
きたるべき、新しい世紀のために、
あの微笑みを、謎として残していったと。
その微笑みのひとひらを、
てのひらの露の上にわたしも映して、
ひとりの偉大な人に、いまお別れする。

遠山さんの微笑みが
胸にいつでもよみがえるかぎり、
わたしはわたしの
「歩きはじめの算数」の道を、
はじめから、くりかえすことができるだろう。
くりかえし歩きつづけることも、また
できるだろう。

一九七九年九月二十三日
遠山先生告別式の日に

大岡　信

現代教育実践文庫『遠山啓、その人と仕事』
（一九八二年一二月　太郎次郎社）所収

異説 遠山啓伝

森　毅

なんとも、遠山さんの死がなまなましすぎて、どうも歴史的に伝記を書けそうもない。それになにより、当の遠山さんが、ぼくの『数学の歴史』を「これまでの数学史はおしなべて数学者という人種をいかめしいマジメ人間としてあつかってきたが、この本はかれらをまのぬけた喜劇的な人間として描きだしている」と褒めてくれたのだった。喜劇には距離がほしい。

おそらく、これからの半年ぐらい、遠山さんの思い出を多くの人が語り、いろんなことがわかるだろう。それぞれの時代をよく知っている人もあるだろう。もっとも、それらの人はぼく以上に距離がとりにくいかもしれないが。

父のない子

遠山啓の生まれたのは一九〇九年（明治四十二年）、朝鮮の仁川《インチョン》だが、すぐに母と郷里の熊本へ帰っている。それで、彼のふるさとというと、熊本である。人吉でいっしょになったとき、やっぱり球磨《くま》川《がわ》の鮎はうまいと、二匹半（半は頭とはらわただけ）食うのを見たことがある。

その父は、朝鮮にとどまって、五歳のときに帰国を待ちかねていたところへ、腸チフスで死亡のしらせが来た。したがって、遠山は父を知らない。

その衝撃で神経症になった。ある所では一年間ぐらい尿が出なくなったと書いているが、別の所では三十分ごとに尿意をもよおして小学校の入学式で泣きだしたことを、学校にまつわる暗い出発の記憶として記している。ともかく、父の不在が彼の少年期を支配した。

それで、母と子の生活が続くわけだが、幼時はむしろおじいさん子だったらしい。この祖父というのは、西南戦争と政治道楽で家産をつぶしたらしく、父が朝鮮へ行ったのもそのためかもしれない。もともとは、肥後の刀鍛冶のボスの家柄だったらしい。反体制的な気質をこの祖父から受けついだ、と遠山は語っている。

彼は、幼時から、わがままで意地っぱりでへそ曲がりだった、と自ら語っている。晩年の外見はむしろ温厚さの方が表面に出ていたが、たしかにそうした「三つ子の魂」が片鱗を覗かせもした。

一九一八年（大正七年）に小学校三年で東京に移っている。このあたりの事情は、遠山はなにも記していない。その前年に父方の祖母が死んでいて、母方の祖母と母との三人で東京へ出たらしい。将棋の好敵手となった、大学の講師をしている叔父の話があるから、そうした伝手《つて》があったのかもしれない。

ともかく、熊本から東京へと移ったわけだが、遠山が懐かしさをこめて語るふるさとは、いつでも熊本だった。東京にはなじめなかったらしい。

その熊本の生活も、本などない家庭と言っているが、晩年に立川文庫の記憶をさかんに持ちだしたところからすると、むしろ熊本の山野への愛着を強調していたのかもしれない。貧しかったと書いているが、知的職業を志向するといった動機が上京にはあったのだろう。

それで、東京一中（いまの日比谷高校）に入っている。当時としてのエリート・コースには違いない。もっとも、一貫して学校ぎらいだったらしい。自分の興味に熱中するたちで、授業の流れに身をゆだねることができなかったのである。中学二年のときの関東大震災に死にかかった体験から、死についての考えにふけるような、そうした少年だった。

中学三年のときには、幾何に熱中して、ほかの教科は全部投げてしまった。後年に、数学教育でユークリッド批判者となったのは、奇妙なめぐりあわせだった。もっとも晩年になっても、幾何のおもしろさには荷担していたのであって、楽しむのはよいが試験をしたりする必要はない、という意見だったのである。数学教育に関しては、初等幾何よりは初等整数論を、と主張したのだが、これにしても、性格は少し違っても、数学少年の遠山が幾何の次に熱中した対象だったのだろう。

そうしたことで、学校の成績はクラスで四分の三ぐらいだった。受験勉強を一年間だけ猛烈にやって、四年修了で福岡高校（いまの九大教養部）に入っている。ものごとに集中するタイプだったのだろうが、内申書反対にはこうしたこともあったろう（事実、「内申書があったら、ぼくなんか高校に入れなかったよ」と言っていた）。

幼時は病弱だったというが、晩年はひどく頑健だった。このころからの冷水摩擦の故か。冷水摩擦といい、日記といい、自らに課したことに関しては厳格な人だった。この一年間の猛勉強というのも、そうした自らに課したものだったろう。晩年にいたっても、そうしたことがよく見られる。

福岡へ行ったのはなぜだろう。一高を避けたへそ曲がりはわかるような気もするし、九州へ行ったのもわかるが（母と子の間借りぐらしからの脱出も含めて）、熊本の五高ではなくて福岡にしたのは、少し「ふるさと」と距離をおきたかったのだろうか。

その高校時代を、何よりすばらしい時代と回顧している。文学に開眼し、宇宙の神秘に憧れ、詩心にとらえられていた時代だった。

大学は東大の数学科へ入るのだが、坂井英太郎の講義に失望し、ドロップアウトして文学青年となる。当時の文学青年というと、このごろの翻訳文化の時代でないので、ブレークの詩を英語で歌ったり、『ファウスト』をドイツ語で語ったりという有り様で、ぼくなどは太刀打ちできない。チェホフやトルストイは英訳だったらしく、晩年にロシア語を勉強していた（もちろん数学のロシア語は読んでいたが）のも原書が読みたかったのかもしれない。バルザックにもくわしかったが、これはフランス語なのか英訳だったのか、聞きもらした。

高木貞治だけは尊敬していて、数学をやめますと言いに行ったとき、計算力の重要性を聞かされたので、ポーヤとシェゲのあの難しい問題集で実力をつけたという。ドロップアウトといってもファンデルベルデンやワイルに感激したと言っている年代を調べると、この時期になる。

それは昭和初期の大不況期、のちに遠山が、大学なんて出ても就職できないほうが自然、とうそぶいたのはこの青年期の体験による。貧乏というのも、この時代の印象が大きいと思う。苦境をすら楽しんでしまう、遠山の一種の図々しさとでもいったものは、こうした青年期に由来するようだ。

それでも、楽な大学をというわけで、東北大に再入学、将棋ばかりしていたという。彼の好きなゲームは将棋であって、一手で逆転するスリルを好んだ。江戸時代の棋譜なども研究したという凝りようで、将棋のために試験を受けるのを止めたこともある。十分に読んだあとは勝負手に賭ける、そうした勝負師根性が遠山にふさわしい。

それで、東北大を卒業したのは二十八歳、一九三八年（昭和十三年）で、すでに日中戦争が始まっていた。就職したのは、霞ヶ浦航空隊の海軍教授、まったく遠山にふさわしくない職場で、敗戦も近い一九四四年（昭和十九年）までいたのだが、軍服を身につけないことがせめてもの意気地だった。それでも、そうしたなかで暮らす要領やら、兵卒と仲よくなる方法やら、いやな時代のいやな職場でそれなりに人生訓練を楽しんでいたのかもしれない。それに、代数関数論という、避難所もあった。

遠山の戦後は一年早く来ていたのかもしれない。海軍から離れて東京工大の助教授になったのは三十四歳のときで、空襲で死にかけたり、せっかく親友となった同僚の天野清を失ったりしているが、彼の心ではすでに戦争が終わっていたのだろう。八月十五日には、勤労動員のつきそいで信州にいたが、泣きだしたりする学生を見て、少ししらけながらも後ろめたく思ったという。

左翼的文化人

戦後の東工大の文学好きの学生たちは、文学青年くずれの遠山のまわりに集まった。吉本隆明や奥野健男などである。愛国少年だった吉本は敗戦に衝撃を受け、遠山が平然と量子力学の自主ゼミを始めたのに感動しているが、遠山にしてみればあたりまえのことだったのだろう。

この窮乏（六畳間に五人で暮らした）と解放の戦後五年間は、遠山にとってのアカデミスト期に属する。学位論文は「代数関数の非アーベル的理論」、四九年に教授、六十歳の定年までを東工大で過ごす。

しかし、朝鮮戦争下の日本は、遠山を文学と数学に埋没させてはおかなかった。遠山が社会性から距離をおいて時代にたいして透徹した眼をもてたぶんだけ、時代がその社会的活動を要求していた。この頃、東工大の組合の委員長もしている。遠山自身が政治活動に身を挺したことはなかったが、家宅捜索を受けたときに小学生だった娘が非合法文書を座布団の下にかくして蜜柑を食べていたとか、遠山の身代わりに夫人が一晩留置されたとか、その種のエピソードが多い。

一九五二年（昭和二十七年）の遠山四十二歳のときの最初の著書『無限と連続』は、

当時の国際派全学連に所属した東大の学生たちの人気を呼んだ。その合評会が、新数学人集団（SSS）の出発点になり、学生運動くずれの数学科学生の駈けこみ寺が遠山研究室となった。

当時の遠山研究室の梁山泊《りょうざんぱく》的雰囲気から、さまざまのエピソードが生まれ、晩年の遠山がよくその頃を懐かしげに語ったものだ。メーデー事件で指名手配された丸山滋弥が東工大内に潜伏した話とか、レッドパージ闘争で一度は東大を退学になった銀林浩を大学院に入れるのに苦労した話とか、なかでも傑作は倉田令二朗の留置をもらいさげた話だろう。彼は酔っぱらっての軽犯罪で留置されたのだが、学生運動への弾圧と勘違いしたため、三週間の完全黙秘を貫いたのだった。

一九五一年（昭和二十六年）に、四十一歳の遠山は、小倉金之助などとともに数学教育協議会（数教協）を結成して、当時流行の生活単元学習を批判する活動を開始している。それからのほとんどの期間、数教協は遠山を委員長に持った。その頃に始まった日教組の教育研究集会でも、中央講師団の中心的メンバーとなる。教育運動のために、あちらこちらと走りまわるようになったわけだ。

もっとも、遠山は乗りものに強かった。そして、最晩年にいたるまで、折りたたみの腰かけを用意して、行きあたりばったりの特急列車に飛びのるのを常とし、指定券を買って座席を予約することを嫌った。「予約された座席」というのは、遠山のもっとも忌み嫌ったものだったのである。

案外に遠山が政治上手（そして商売上手でもあった）なのが、こうした運動のなかに彼をまきこんで行ったのだが、遠山自身は彼の自己をその端然とした姿勢の蔭に守りぬいていた。じつのところは、遠山自身は運動組織とか国家体制とかいったものが向かず、自らに課したものだけを守りぬく自由の魂の持ち主だった。晩年の日記のなかにも、社会主義国家体制といったものにたいし、人間をホモ・エコノミクスとして処理することへの批判が見られる。

反社会的アカデミストから教育運動家への転身に関しては、娘の学校ぎらいを怒って彼女を庭の松の木に縛りつけたりしたが、教科書を見るにおよんで罪は学校体制のほうにこそあるのを認識し、自己批判して教育運動に向かった、という伝説がある。もっとも、自由人としての遠山が左翼として位置づけられ、運動家となっていくというのは、当時の時代状況でもあったろう。もともとがアカデミストとしての枠に入るよりは、夜行列車で折りたたみ椅子にすわり、全国の見知らぬ教師たちの声を聞くほうが性に合っていたのである。

遠山梁山泊の住人たちは、彼をゲンスイと呼んでいた。一見はムスッとして近よりがたく思える外見の故か。後年に、いたずらな男が晩年の遠山の似顔絵に髭をつけ加えたら、スターリン元帥に似た顔になったが、それと関係があるかどうか知らない。少なくとも、遠山はスターリンには批判的だった。毛沢東に関しては、訪中で面会したときの印象として、目つきに政治的陰険さがあるのが気にくわないと語っていた。当時の共産党の指導者の徳田球一に関しては、会えば陽気で面白い男だが前衛党の責任者には向かないね、と語った。

梁山泊の解体したのは五七年（昭和三十二年）ごろだろうか。若者たちが、遠山にアカデミズムへの復帰を進言したのが、この誇り高き男の逆鱗に触れた、というのが当時での噂だった。

遠山のエッセーに、「犬ずきと猫ずき」というのがあって、彼は忠実な犬よりは気ままな猫を好んだ。遠山への心酔者が、ある程度以上に接近したあたりで逆鱗に触れて殿の不興をかう、なんて法則を唱えたものもいるが、もともと彼は、ある程度の距離をおいての猫的なつきあいのほうを好んだのではなかろうか。

それは戦後のひとつの区切りの時代だった。そして遠山は、本格的に数学教育へと足をふみ入れようとしていたのだった。

数学教育の教祖

数教協の初期というと、生活単元学習に批判的な良心派文化人グループを中心としたもので、いわば官製の数学教育体制にたいしてのネガティブな性格が表面的だったが、それが五〇年代末からは新しい数学教育を創出するといったポジティブなものに変わっていく。遠山は藤沢利喜太郎を批判的に読みながら、そうした道を模索していたのだが、ピアジェを読んだのがひとつのヒントになったと語っている。五七年（昭和三十二年）ごろから、小学校の教科書作りを試みるなかで、量の体系と水道方式が生み出される。それは六〇年代のはじめに、実践過程での成功からブームを呼ぶと同時に、既成権威の崩壊をおそれた体制側から弾圧され、その教科書は広域採択制度によって葬られる。

教育界には、なにやら美しげな情念を修飾する風習があるものだが、それは遠山の嫌いなものだった。左翼にも、進歩派なりの感動を讃美したがる空気のあるもので、遠山はそうした空気にも冷たかった。むしろ、教育において遠山が主張したのは、かわいた分析的知性だった。教育において科学性を主張する者たちは、つねに遠山をかついだものだ。

のちに文部省によって矮小に唱えられる「数学教育の現代化」は、このときは遠山によって唱えられ、いくぶんは戦闘的で反体制的なスローガンであった。それは、過去の遺物としての「科学のカリキュラム」ではなく、いま現在に生きている〈現代〉の数学そのものとして、数学教育を位置づけるものとしてあった。水道方式も量の体系も、そうしたなかで生まれたのだった。

これらの成功は、現場の教師の授業の中で作られたものが、上から定められたものを凌駕することで、画期的だった。六〇年前後、勤評闘争から学テ闘争にいたる時期というのは、文部省vs.日教組という図式のもっとも鮮明であった時期であって、文部省はカリキュラム統制の秩序で現場管理を貫こうとし、日教組は自主編成運動で対抗していた。こうした運動を政治的にだけ進めることは不可能なことから、多くの教師が数教協に参加し、数教協は現場教師の団体へと変質していった。

いまになって、それが技術革新の高度成長の波のもとで闘われていた、というは易しい。むしろ、そうした状況において、その状況にふさわしく、こうした運動が発展していたというべきだろう。

五九年から六〇年にかけて、遠山五十歳のときの『数学入門』は、こうした時代にふさわしくも、科学性への確信に裏づけられている。しかし、一九六〇年の教育界で科学主義を語ることは、一九七〇年に反科学主義を語る以上にラジカルなことだった。

水道方式に関して、後年の遠山は、あまりに体系をきっちり作りすぎたかもしれないが、体制との緊張関係がそれを余儀なくさせた、ともらしたものだった。科学性に依拠しての体系性だけが戦闘性を維持しえた。そうした時代だったのである。そして遠山は、なによりも時代の状況性に忠実だった。

こうした状況にあって、遠山はかなり攻撃的だった。本筋からすればたいしたことでないような細部にでも、無視してよさそうな小犬の遠吠えにさえ、かならず的確に石を投げて犬どもを打ちたおした。そうした遠山に、一九六〇年（昭和三十五年）に初対面のぼくは、わりと気楽に疑問をぶちまけたものだが、そのときの遠山の対応はむしろソフトだった。おそらく、ぼくの態度が、犬が吠えるというより、猫がじゃれつくほうだったからだろう。

遠山が数学教育においてなしたことは、教育全体に大きな波紋を投げかけていた。遠山は神格化され、全国に大きな影響をもたらした。もっとも、そのころに近畿に現れたときは、夜中にごろごろと無礼に寝そべったぼくなどと、気楽におしゃべりをすることのほうを好んでいたようだ。それは深夜に及んだ。とくにだれかれの人物月旦、というより悪口になると早朝まで楽しんだものだ。ただし、悪口を言われる相手というのは、遠山の前に権威ぶってたちふさがっている連中にかぎられていた。

こうしたなかで、数教協の組織は拡がっていった。教科書がつぶされたあとには、自主教科書としての『わかるさんすう』が全国に普及していった。

一方、数学ジャーナリズムの必要に眼をつけたのも遠山であった。矢野健太郎とともに『数学セミナー』の編集にあたる。それは、高度成長下の「数理科学ブーム」と理科系大学生の増加といった状況に対応していた。

いまから考えると、当時の遠山の発言の中から、時代に少し悪ノリしているものを探すことは可能である。それは一面では、そうした時代を利用する商才ないしは政治性でもあった。芸能プロデューサーになっても、政治家になっても成功しそうな、不思議な才能の持ち主だったわけだ。

東工大の最終期は、理学部長として、一方では事務当局と渡りあい、他方では中核派の学生とやりあったものだ。教授会の中に、わかりもしないのに小政治家ぶった連中がいて小賢しいことを言って困る、と言っていたのもその頃だ。あんな学部長を相手に団交をしなければならなかった、当時の学生は気の毒だったと思う。

六〇年代後半の著書には、どちらかというと啓蒙的な性格のものが多い。比喩のたくみな彼は、数学をやさしく、その本質を語ることができた。それは彼の数学への洞察力に支えられていたが、ぼくには別の注文があった。フルヴィッツあたりの古典代数を知り、それをネター以後の現代代数と結合させることの可能な、遠山にしかできないことを書いてほしかったのだ。残念ながらその注文に応えてもらう前に、彼は死んだ。時代の要求に誠実に応えることが、「わがままでへそ曲がり」のはずの彼の一面でもあった。

　でも、大学教授、管理者、政治運動家、ジャーナリスト、啓蒙家、教祖、それらのすべての役柄を彼の才能がこなしえたからといって、ぼくはそれらが彼の本質であったとは思っていない。

オールド・ラジカル

大学を定年になったとき、元気をなくす人と、元気づく人とがある。「大学教授であること」が彼の人間的本質とかかわっている度合によるのだろう。遠山の場合、定年になって彼のラジカルな本質が光彩をはなつようになる。以後は就職することなく、多摩美大の美術家の卵に幾何を教えたり、明星学園の中学生におよそ学校の規格から外れた数学や英語を教えたのだけが、学校とのかかわりだった。六十歳の遠山は、四十年前の東大をドロップアウトしたときの若者の心に戻ったのである。

もっとも、東工大にいた最後の頃と、それが断絶していたわけではない。一九六八年（昭和四十三年）、五十八歳で八王子養護学校に最初に行ったときのおどろきを、彼は語っている。そして、何をしても反応のないなかで、モンテッソリにヒントをえて試みた〈原数学〉の授業で、人間の根源に備わっている知を確信するようになった。人間にとって根源的な知の解放、それは遠山にとっての人間開眼とでもいった転機となっていた。

また六〇年代末の動乱の大学、そこでの心情全共闘風の熱狂にはもともと無縁な人であったが、文化現象としてのそれには深い共感を持っていた。アメリカのヒッピーたちにも共感を惜しまなかった。そういえば、定年後の遠山には、どことなくオールド・ヒッピーといった風格がある。

学校ばなれをした遠山が、定年後にした最初の活動は、学校と無関係に進めることのできる数学の本を、幼児用から出しはじめることだった。ほるぷ出版からのその仕事を通じて、安野光雅と意気投合する。同時に、「ほるぷ教室」という塾を全国に拡げている。

さらに、一九七三年（昭和四十八年）から、板倉聖宣や遠藤豊吉などと始めた雑誌『ひと』が、七〇年代の遠山の中心的な活動となった。それは、七〇年代初頭の市民運動的な雰囲気に適合して、学校という枠をこえて、母親たち自身の運動に成長した。「落ちこぼれ」の子どもたちを集めた遠山塾は、さらに母親たち自身が数学を楽しむための塾にまで発展する。子どもや母親たち自身の、人間としての楽しみのレベルにまで、遠山の教育運動は進んだのだった。当時学齢期に達していた、同居している孫たちへの思いと、それは同質でもあった。

　このころ、遠山は自分を「数楽者」と呼んでいる。音楽になぞらえての数ガクだったのだが、数ラクと呼ぶ人間が出てきたので、なるほど道楽に通ずると、そちらに鞍がえしたらしいから、たぶんスーラクモンと読むのだろう。教育といっても、このころの彼の境地に、上から子どもを引きあげようという姿勢はない（そこが六〇年代と違うところだ）。子どもという、こんなおもしろい動物をタダで貸してくれるんだから、教師というのはいい商売だ、というのが彼の口癖だった。

　数学教育にしても、六〇年代と違って、どちらかというとカリキュラムの枠からはみだそうとする。遠山塾で、授業をゲーム化して、子どもにこれはベンキョーかアソビかと聞いたところ、こんなにおもしろいんだからアソビだ、と子どもは答えた。数教協が、楽しい授業を志向する新しい作風を獲得したのも、この結果だった。

　そうした過程で、序列主義を批判して競争原理を根源的に否定していた彼は、最晩年の六十九歳、一九七八年（昭和五十三年）に明星学園理事となり、この学校を〈点数のない学校〉とするべく、新しい授業の道をみずから試みていた。中学生が喜んでくれていると、ニコニコしていたものだが。

一九七九年（昭和五十四年）、咳がとまらず、七月には入院、八月二十一日の日記には、「70回の誕生日。もっともみじめな誕生日」とある。見舞いへの面会を断り続け、銀林すら死の一時間前までは会うことを許されなかった。病人としての自分を見られるのがイヤと、最後の「意地っぱり」でもあったろう。九月十一日死す、肺癌であった。

遠山の本をなにか一冊というなら、ぼくは『水源をめざして』をあげたい。そこには、

「敗戦のまえまではいちばん非人間的な数学を研究する隠遁者だったのが、敗戦をきっかけに、しだいにというより、ごく緩慢なテンポで人間のほうに向きなおり、とくに人間のなかの子どもに興味をもつようになり、そこから知恵おくれの子どもまでさかのぼっていく、ということになってしまった。それは人生という河を、河口から逆にさかのぼって水源のほうに向かって歩いていったようなものかもしれない。そういえば、私にはなんでも水源にまでさかのぼって、そこをさぐってみたいという欲望が

生まれつきあったのかもしれない」

とある。

なによりも人間を愛し、そして人間を楽しんだ人であった。口許には、いつもいたずらっぽい笑みを浮かべていた。

初出：「数学セミナー」一九八〇年一月号　日本評論社
『森毅ベスト・エッセイ』（池内紀 編　二〇一九年九月　ちくま文庫）所収

『数学は変貌する』　一九七一年一〇月　国土社

「数学と人間」　『遠山啓著作集　数学論シリーズ6　数学と文化』
（一九八〇年一〇月　太郎次郎社刊）所収

「現代社会と数学の役割」　（同　右）

「文科のための数学」　『遠山啓著作集　数学論シリーズ7　数学のたのしさ』
（一九八一年四月　太郎次郎社刊）所収

編集付記

一、本書は『数学は変貌する』（一九七一年一〇月　国土社）を底本として文庫化したものである。文庫化にあたり、「数学と人間」「現代社会と数学の役割」「文科のための数学」を増補して改題し、大岡信による弔詩、森毅による「異説　遠山啓伝」を収録した。

一、底本中、明らかな誤植と考えられる箇所は訂正し、難読と思われる語には新たにルビを付した。

一、本文中、今日の人権意識に照らして不適切な語句や表現が見受けられるが、著者が故人であること、執筆当時の時代背景と作品の文化的価値に鑑みて、底本のままとした。

中公文庫

数学《すうがく》と人間《にんげん》

2022年11月25日　初版発行

著　者　遠《とお》　山《やま》　啓《ひらく》

発行者　安 部 順 一

発行所　中央公論新社
〒100-8152　東京都千代田区大手町1-7-1
電話　販売 03-5299-1730　編集 03-5299-1890
URL https://www.chuko.co.jp/

DTP　平面惑星
印　刷　三晃印刷
製　本　小泉製本

Published by CHUOKORON-SHINSHA, INC.
Printed in Japan　ISBN978-4-12-207284-8 C1141

さ-48-2
毎月新聞
佐藤雅彦
毎日新聞紙上で月に一度掲載された日本一小さな全国紙、その名も「毎月新聞」。その月々に感じたことを独特のまなざしと分析で記した、佐藤雅彦的世の中考察。
205196-6

た-20-2
脳　死
立花　隆
人が死ぬというのはどういうことなのか。人が生きているとはどういうことなのか。驚くべき事実を明らかにして生命倫理の最先端の問題の核心を衝く。
201561-6

た-20-10
宇宙からの帰還　新版
立花　隆
宇宙体験が内面にもたらす変化とは。宇宙飛行士十二人に取材した、知的興奮と感動を呼ぶ壮大な精神のドラマ。〈巻末対談〉野口聡一〈巻末エッセイ〉毛利　衛
206919-0

た-77-1
シュレディンガーの哲学する猫
竹内　薫
竹内さなみ
サルトル、ウィトゲンシュタイン、ハイデガー、小林秀雄――古今東西の哲人たちの核心を紹介。時空を旅する猫とでかける、「究極の知」への冒険ファンタジー。
205076-1

た-95-1
すごい宇宙講義
多田　将
空前絶後のわかりやすさ、贅言不要のおもしろさ！ブラックホール、ビッグバン、暗黒物質……異色の物理学者が宇宙の謎に迫る伝説の名著。補章を付す。
206976-3

た-95-2
すごい実験
多田　将
空前絶後のわかりやすさ、驚天動地のおもしろさ！地球最大の装置で、ニュートリノを捕まえる⁉ 文庫化に際し補章「我々はなぜ存在しているのか」を付す。
207005-9

ち-8-10
教科書名短篇　科学随筆集
中央公論新社編
寺田寅彦、中谷宇吉郎、湯川秀樹をはじめ、岡潔、矢野健太郎、福井謙一、日髙敏隆七名の名随筆を精選。国語教科書の名文で知る科学の基本。文庫オリジナル。
207112-4

て-8-1
地震雑感／津浪と人間　寺田寅彦随筆選集
寺田寅彦
千葉俊二
細川光洋編
寺田寅彦の地震と津浪に関連する文章を集めた。地震国難の地にあって真の国防を訴える警告の書。小宮豊隆宛震災絵はがき十葉の図版入。〈解説・註解〉千葉俊二・細川光洋
205511-7